第 5 單元

3D 列印
繪圖與操作

陳建志　老師

陳建志，現任教於國立高雄第一科技大學，2016 年 8 月出版《方法對了，人人都可以是設計師》一書，榮獲全校必修「創意與創新」課程之教材。任教前曾在相關工業產品設計公司擔任產品設計師及設計總監等職務，其間多次獲得國內外相關設計競賽獎項之肯定；於任教期間，多次輔導跨領域學生團隊獲得國內外設計競賽獲獎、國際發明展金牌及發明專利肯定。個人專長為工業產品設計、平面設計、電腦輔助設計、設計思考、在地文創設計、模型製作、商品品牌開發等相關設計實務。

司長序

　　技職教育係以實務教學與實作能力之培養為核心價值，相較於普通教育，「務實致用」是技職教育的最大特色。技職人才之培育，不僅是各領域實作技術之傳承與精進，更肩負起帶動產業朝向創新發展的重責大任，因此，奠定專業實作能力與創新能力，是彰顯技職教育價值的關鍵。

　　為因應世界潮流趨勢，並發展學校特色，國立高雄第一科技大學於 2010 年提出非常具有前瞻性的校務發展目標：轉型為「創業型大學」，可謂是國內推動創新創業教育的技職先鋒，也獲教育部指定為「創新自造教育南部大學基地」，成果卓越，備受肯定。在傳統重視升學的教育體制下，學生的創意及實作能力漸被忽略，導致創新能力普遍不足，感謝國立高雄第一科技大學當火車頭，引領創新創業風潮，重視學生創意思維、獨立思考及跨域學習，鼓勵學生動手做、試錯、實踐創意，充分發揮創客 (Maker) 精神，正好符應教育部「從做中學」及「務實致用」之技職教育定位，以及推動大專校院知識產業化的政策方向。

　　隨著創意、創新、創業及創客之四創教育風潮興起，相關教材使用需求大增，國立高雄第一科技大學是推動四創教育的技職標竿學校，除了提供學生完善的學習機制與環境，近年來更陸續出版多本實用的相關教材，並秉持分享交流精神，對各大專校院推動創新創業教育貢獻良多。今該校教師合力編著《創意實作》，將動手實作的精神融入課程及日常生活中，且透過一本書就能學會 9 種技能，並了解國內外創客趨勢與介紹，實是跨領域教學及學習的最佳入門書籍，值得各界大力推廣，希望以達成人人都是 Maker 為目標，帶動國內產業創新與經濟的蓬勃發展。

蔡英文總統曾表示「技職教育應該是主流教育，推崇職人是一項值得發揚的傳統，而技職教育的實力，就是台灣的競爭力」。期許未來技職教育所培育之學生，能同時具備實作力、創新力及就業力，成為產業發展的重要支柱，及國家未來經濟發展、技術傳承與產業創新之重要推力。

教育部技職司

司長 楊玉惠 謹識

2018 年 1 月

校長序

「創客」（Maker）一詞，近幾年在全球迅速崛起，創客教育更是目前最夯的教育議題，國際競爭力不再僅是技術間的相互競技，而是取決於能產出多少創新能量。想要培養創新能力，第一步就要從校園扎根做起，透過翻轉教學，培育學生主動思考、發掘問題的能力；更重要的是，鼓勵動手實作，並從失敗中汲取成功元素，充分發揮 Maker 精神。

本校自 2010 年轉型為全國第一所創業型大學，致力於培養學生的創新力、實作力、跨域力及就業力，不僅於 2015 年興建完成「創夢工場」、2016 年興建完成「創客基地」，獲教育部指定為「創新自造教育南部大學基地」，成為南台灣創業教育智庫，並於 2016 年得到國際 FabLab (Fabrication Laboratory) 全球 Maker 組織認證，全國僅本校與臺北科技大學兩所大學獲得該認證。同時，也與 180 餘所各級學校及教育局處和民間創客基地代表，於 2016 年簽署「創客教育策略聯盟」，希望能帶動南部自造運動的發展，培養新世代的自造者人才。

為提供完整的創意、創新、創業與創客四創教育，本校除開設「創意與創新學分學程」及「創新與創業學分學程」，並於 104 學年度率全國之先，首將「創意與創新」列為全校共同必修課程。「工欲善其事，必先利其器」，為因應四創教育之教學需求，本校自 2011 年起陸續出版相關教材，包括《創新與創業》、《創業管理》、《創新創業首部曲》、《服務創新》、《方法對了，人人都可以是設計師》等，希望透過這些教材輔助教學，產生事半功倍的效果，讓師生透過案例教學，激發創意與創新思維，並奠定創業的基礎知能。

「跨領域，才搶手」，業界對跨領域人才求才若渴，為了精進跨領域課

程，本校邀集全校 9 位不同專業背景的老師，以「創夢工場」及「創客基地」的實作設備為主，共同合作編撰《創意實作》。目前市面上的書籍大多集中在單一專業，本書則著重在跨領域教學及學習，希望藉由淺顯易懂的方式，講解設備操作步驟，讓讀者能輕鬆學會該單元設備的基本操作及實際練習。本書從創意、創新，延伸到創意實作，是創客教育及跨領域教育必備的一本好書。

　　Maker 是一種精神，一種文化，一種生活態度，更是一種實踐能力。期許本書能成為學習動手實作的最佳幫手，為台灣創客教育貢獻一份心力，也祝福所有勇於追夢、築夢的青年朋友們，能透過本書實踐自己的夢想，創造一個無限可能的未來！

校長 陳振遠 謹識

2018 年 1 月

課程引言

在現今的社會，網路的全球化趨勢，使得國際競爭力不再是技術之間的相互競技，而是在於你能創造出多少的創新能量。當我們思考該如何在這樣的創新世代趨勢中去培養創新能力時，最大的影響力，就是從校園開始向下扎根。透過學校的教育翻轉，讓學生學會思考、學會分享、學會自己發掘問題，更重要的是，學會自己動手實作的態度。

國立高雄第一科技大學率先在 2010 年宣示轉型為「創業型大學」，致力於培育學生「具備創新的特質，以及創業家的精神」，透過課程來落實培育學生具備「創意思維、跨域合作、數位製造、創業實踐」，並於 2016 年 8 月出版了《方法對了，人人都可以是設計師》一書，透過課程的設計來培養學生達到創意思維及跨領域的合作。有鑑於學生在數位製造及創業實踐方面，較缺少動手實作的經驗，本校陳振遠校長集結了 9 位來自不同專業背景的學者專家，透過跨科系、跨專業的方式，共同編撰出以創夢工場的場域設備為主，教你如何動手實作的《創意實作》，書中有 9 個操作單元，包括風靡全球的創客運動、材質色彩資料庫、木工機具操作輕鬆學、基礎金屬工藝、3D 列印繪圖與操作、CNC 控制金屬減法加工、LEGO 運用於多旋翼、遊戲 APP 開發入門，以及在地文化資源的調查方法與應用。9 個單元皆透過由淺入深的介紹，讓讀者可以更輕鬆入門。單元從風靡全球的創客運動開始作介紹，接著進入手工具的手工製作，其中包含了木工機具的操作及金屬工藝的認識，以便了解手作精神的重要性。在學習手作單元之後，才可以進入自動化設備的學習。

了解手工設備的製作後，再開始進行機械自動化的 3D 列印加法加工及

CNC 減法加工的軟體及設備操作。透過前面所包含的手工工藝製作及 3D 加工製作，之後就可以開始強調如何透過控制化程式來驅動動力進行加工。前 7 組單元從造型、結構、機構、邏輯、組裝等動手實作練習之後，第 8 單元也透過現今 APP 市場爆炸性的發展，從中學習如何開發出易上手的 APP 遊戲。

課程透過風靡全球的創客運動、手工具的操作、自動化機械設備加工、程式控制帶動馬達、APP 遊戲過程操作，以及在地文化資源的調查方法與應用等 9 個單元，來達到玩中學、學中做的教育翻轉，俾能符應我國技職轉型高教創新的精神，亦能切合本校創業型大學願景培育學生具備創新的特質及熱忱、投入與分享的創業家精神。

本書希望能培養更多想成為自造者的年輕學子，透過《創意實作》中所介紹的 9 個由淺入深的實作課程操作練習，讓你我都可以成為這個產業趨勢中的全能自造者，並且訓練自己能擁有更多的技能專長！

單元架構

單元	連貫性	內容描述
介紹：1 風靡全球的創客運動；2 材質色彩資料庫	認識了解	**先探索發掘** 透過在地資源調查，來了解發掘問題及資料蒐集之重要性；並透過色彩材質的認識，來學習如何應用於提升創意品質及造型美學。
操作：3 木工機具操作輕鬆學；4 基礎金屬工藝	手工製作	**再動手實作** 了解問題發掘及美學之後，可透過木工常用手工具之操作練習，應用於居家傢俱設計；再認識細微金屬手工具之加工工法及各式金屬，來學習動手實作之重要性。亦會學習 3D 模型繪圖教學之 3D 列印機加法加工，及大型機具雕刻機之減法加工的實際操作設備練習。
操作：5 3D 列印繪圖與操作；6 CNC 控制金屬減法加工	3D 加工	
組合：7 LEGO 運用於多旋翼；8 遊戲 APP 開發入門	智慧控制	**於技術應用** 透過動手實作練習之後，即可組裝直昇機樂高組件，來學習馬達動力傳動及主機程式控制。同時透過簡單語法的步驟操作練習，來自己完成簡單的 APP 遊戲開發。
呈現：9 在地文化資源的調查方法與應用	歸納應用	**於在地應用** 透過課程技術的養成，實際應用於在地資源調查，並落實在地文化精神。

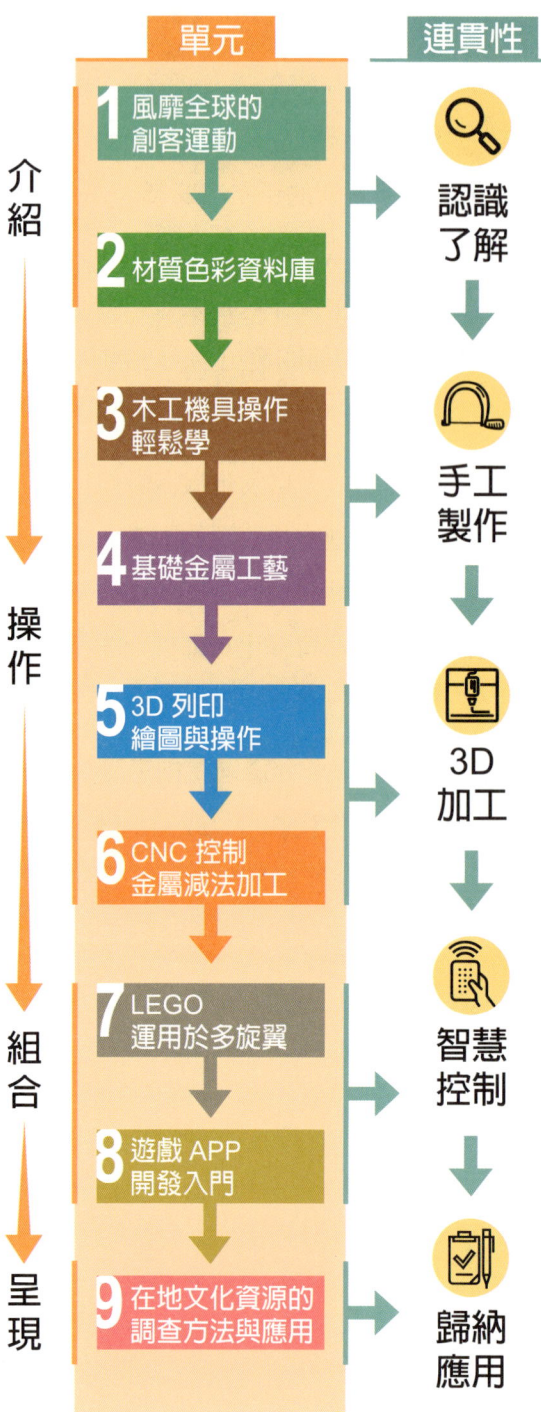

（圖，單元架構）

緒論

　　透過之前木工操作及金屬工藝兩單元所介紹的實作之手作加工，因而了解到手工製作的辛苦及成就感，它們是較偏向於手工具的加工，而現在要進行的 3D 加工課程，雖然也是動手實作，但最大的差異點就在於要用到 3D 繪圖軟體及 3D 列印機設備，這是較偏向軟體與設備的加工，且必須花時間去熟悉操作介面。對於 3D 軟體的操作，較不會有安全性的問題，但在執行 3D 列印機製作時，無論是操作安全注意事項，或是在執行時所花費的時間，都跟手工製作一樣，操作學習的時間越多，就會越熟悉操作的技巧及介面。

　　本單元從之前的手工製作到現在的 3D 加工，以及從手工具操作到軟體介面操作，都是必須親自花時間慢慢摸索，之後才能產出獨一無二的好作品。

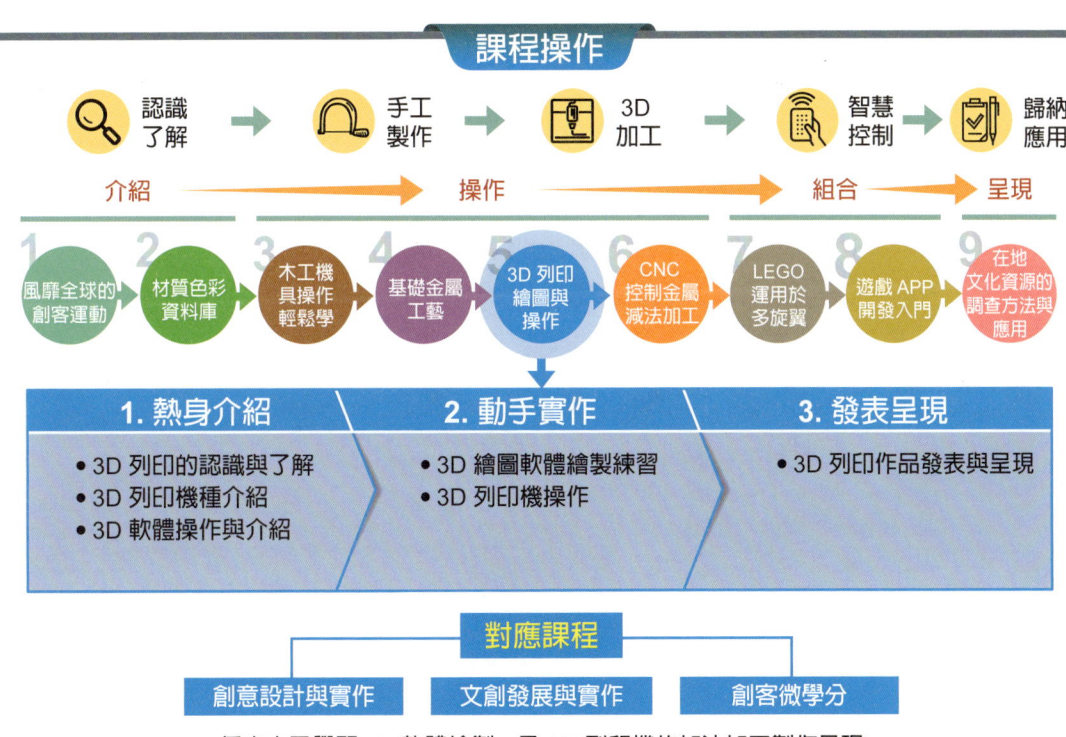

(偏向自己學習 3D 軟體繪製，及 3D 列印機的加法加工製作呈現)

目錄

司長序

校長序

課程引言

單元架構

緒論

5.1 3D 列印的認識 —— 5-2

　　一、製造者時代的來臨 —— 5-2

　　　　(一) 3D 列印可活用的範圍 —— 5-4

　　　　(二) 3D 列印的概略介紹 —— 5-11

　　二、3D 列印設備講解 —— 5-12

　　三、3D 列印設備介紹講解 —— 5-19

　　　　(一) 3D 列印設備（FDM）—— 5-21

　　　　(二) 3D 列印設備（SLA）—— 5-21

　　　　(三) 3D 列印設備（3DP）—— 5-22

　　　　(四) 3D 列印設備（SLS）—— 5-23

5.2 3D 列印軟體及設備的操作 —— 5-24

　　一、Design Spark 軟體的下載與操作介紹 —— 5-24

　　二、主要常用工具列介紹 —— 5-27

　　　　　(一) 主要常用工具列示範介紹 —— 5-33
　　　　　(二) 案例操作——鑰匙圈機械人設計 —— 5-51
　　三、CURA 切片軟體示範介紹 —— 5-62
5.3　作品成果呈現 —— 5-72

創意實作 ▶ 3D 列印繪圖與操作

5.1　3D 列印的認識

一、製造者時代的來臨

　　現今，3D 列印的普及，有效的帶起一波全民自己動手做、量身客製的新趨勢，讓每個人都可以將創意的想法化為產品雛形。因為 3D 列印，讓人人都可以擁有一個自己的小型工廠，而這也是目前全球所談及的第三次工業革命技術，如圖5-1 和圖5-2 所示。

　　這樣的第三次工業革命，奠定了人們開始進行微型創意。微型品牌的開始，使得人人都可以玩創意，且人人都可以進行品牌經營的夢想。

　　現在目前的發展趨勢，將由大規模製造轉向個人化生產，打破代工產業鏈，製造者開始走向自造者，如圖5-3 所示。可以預料的是，製造業的數位化與社群化將掀起第三次工業革命。而其中最為關鍵的技術，就是 3D 列印。透過 3D 列印，規模經濟將不再是大規模製造業工廠的重點，而是慢慢轉向由社群化合作與產品的獨特性，並搭配著 3D 列印的運用於品牌的創立，正好就是這波工業革命的新趨勢……而這也順勢成為時下年輕人現階段最火紅的創業選擇及工作的新契機，如圖5-4 所示。

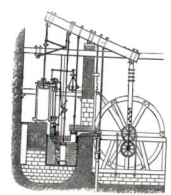  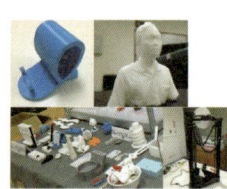 

工業1.0	工業2.0	工業3.0	工業4.0
瓦特發明蒸汽機，讓人們從手工轉向機器製造。	電力的大規模應用，讓製造業由單一製造轉向大規模製造。	3D 列印堆疊製造及搭配社群媒體的擴散效應開始向群眾說話、讓消費者參與製造的概念走向個性化、社群化。	物聯網、IOT 產業、Smart city 的時代。

（圖5-1，工業革命流程（一），陳建志繪製，2016）

3D 列印技術：帶動第三次工業革命（工業 3.0）及製造者社群時代的來臨。

工業 1.0　瓦特發明蒸汽機，讓人們從手工轉向機器製造。

工業 2.0　電力的大規模應用，讓製造業由單一製造轉向大規模製造。

工業 3.0　3D 列印堆疊製造及搭配社群媒體的擴散效應與使用者互動機制（社群募資），「向群眾說話、讓消費者參與製造」的概念走向個性化、社群化的新製造模式。

工業 4.0　物聯網、IOT 產業、Smart city 的時代。

（圖5-2，工業革命流程（二），陳建志繪製，2016）

大規模製造者　→　個人化自造者

（圖5-3，大規模製造者與個人化自造者，陳建志繪製，2016）

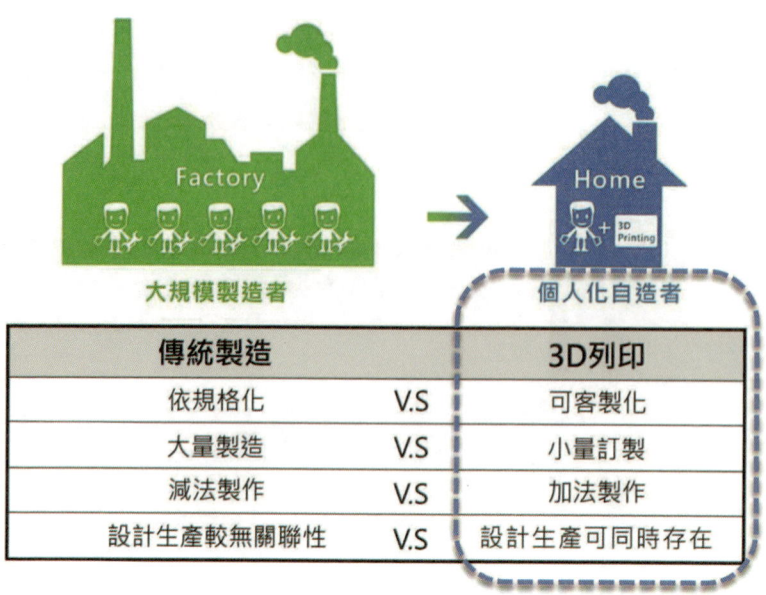

（圖5-4，傳統製造與 3D 列印比較，陳建志繪製，2016）

(一) 3D 列印可活用的範圍

　　透過 3D 列印的應用，讓 3D 列印機器即是工廠，讓人人都可以有創業夢，且也因為產品創新速度加快，導致個性化商品將更為風行，雖然會讓工業設計門檻降低，但是創意設計的價值及普及化，都會大大的提升，而 3D 列印不單單只是在於設計創意當中，也可運用於醫療輔助、交通、服裝等，就連人們在吃食物，也可運用 3D 列印來製作出美味的佳餚（如圖5-5 所示）。但大部分的初學者或是自學的創意工作者，大多會以生活商品來當作一開始的製作門檻，而其他作品多以玩具公仔、模型汽車等，為主要製作方向，如圖5-6 所示。

　　所以，3D 列印可應用的產業非常的廣泛，不難預見在各界都大量投注資源之下，其產值將日漸擴張。而目前市場走向，大致上可分為個人自造以及商業使用，這也就是為什麼 3D 列印的普及代表著創客（Maker）已經展開，而可量產的客製化產業，不僅象徵著個人也能發展出商機的時代來臨了，更意味著下一波的工業革命即將啟動，創客的時代來了。

可以印出的人工骨骼
強度比現在所有醫療界用來裝在人體內的骨骼，強上百倍！在已經可以使用3D列印機，印出任何符合病人的精確骨骼。

可以印出的個性設計
3D列印的應用已經囊括了日常食衣住行四大重心，客製化3D列印商品勢必將成為未來不可忽視的消費力量，而慢慢地走向以個人化服務設計為大方向。

可以印出的美味食物
透過食物列印機的食材料管，就可以列印出巧克力、餅乾、披薩等食材，原料包括巧克力、麵粉、果醬、糖，只要將原料卡匣放到機器，選擇菜單，就可印出食物或是裝置用食物，如蛋糕上的字或圖案。

可以印出的立體時裝
透過3D列印出立體的穿戴服裝無論是透明材質或是花枝招展的立體裝飾，結構都可以列印得非常細膩。

可以印出一把槍
已經有金屬槍身的裝配共採用30多個3D列印金屬，所採用的是金屬材料的3D列印。或是用3D列印，列印出可連續擊發的塑膠彈夾。

可以印出降低重量的材質
未來汽車跟飛機的部分零件用3D列印，來降低零組件重量，進而達到節省燃油成本。

（圖5-5，3D 列印範圍，陳建志繪製，2016）

（圖5-6，數據參考自 Nikkei Trendy 問卷調查，Trendy.nikkeibp.co.jp，2013/09，陳建志整理）

所以，3D 列印的加法製造過程，透過 3D 繪圖的建製，在設計上不需要考慮傳統模具生產的問題，則能實現各式複雜的設計需求，設計完成之後即可立即生產，大幅縮短生產的時程，能即時回應市場需求，像是藉由社群平台所提供極為便利的展示方式，利用較低的成本，將優秀的創意可直接地與群眾對話，進一步的以各式實質的贊助方式，讓您的計畫、創意設計，有機會實現。

然而，3D 列印技術製造方便，自由度高，客製化的可能性大增，又因為修改方便，所以可以隨時地跟著喜好、需求去做修改，但它還是有缺點的，像是所使用的材質受限，很難與生活中常見的產品做結合，且在進行 3D 列印時，必須要先學 3D 軟體的繪製，也因為不是每個人都會操作，所以還是需要接受相關課程的配合，才能隨心所欲的操作 3D 列印機台。但確實，現在的人已厭倦了一成不變的生活和標準化的產品，因而慢慢開始重回手作的本質。所以，3D 列印不只放慢了生活步調，同時也間接找回了人與物之間的連結。

01. **療癒感**：手作的專注會讓人抽離繁忙的工作，有助於緩和平日緊繃的壓力。
02. **成就感**：實際參與體驗，親自體會從無到有的過程，並將自己的創意想法完成，釋放自己的多元性。
03. **創造力**：透過手作專注的過程，來漸漸活絡僵化單一的思考，在沒標準答案的世界去探索。

（圖5-7，動手實作好處，陳建志繪製，2016）

目前現代人在日復一日的壓力下,對於工作的成就感已日漸疲乏,甚至開始喪失了自信以及生活上的熱情,此時唯有透過自己動手作過程當中,才可以將自己天馬行空的創意,一步一步地堆積成創新,且透過手作來放慢速度,並藉此放鬆心情,來抽離現實的忙碌生活,以便從中獲得成就感及療癒身心的目的。

綜合以上透過自造者的時代已來臨,引發了手作的效應,創客(Maker)運動正夯!國立高雄第一科技大學為了培育 Maker 人才,強調創意、創新,動手實作的精神,現在正在發酵當中。

而第一科大同時也引進了許多的 3D 列印設備,並成立了 3D 創客成型中心,如圖5-8所示,將動手做的精神融入學校,讓學生們也能間接地透過創客中心的 3D 列印設備,來找回自己的成就感及培養創造力。

(圖5-8,3D 創客中心,拍攝於第一科大 - 創夢工場,陳建志拍攝,2015)

透過第一科大的校通識必修課程——創意與創新,藉由跨領域課程的創意課程,培養學生自覺出生活中的好創意,再利用學校的創夢工場的 3D 列印如圖5-9所示,將其雛型打樣製作,進而培養學生組隊進入創夢工場的培育室來進行創新與創業,透過這樣的學習共同體的串聯,讓學生在學期間,有機會體悟到創業家的精神及教育的翻轉,並有效地從學校開始落實於自造者(Maker)的精神。

創意實作 ▶ 3D 列印繪圖與操作

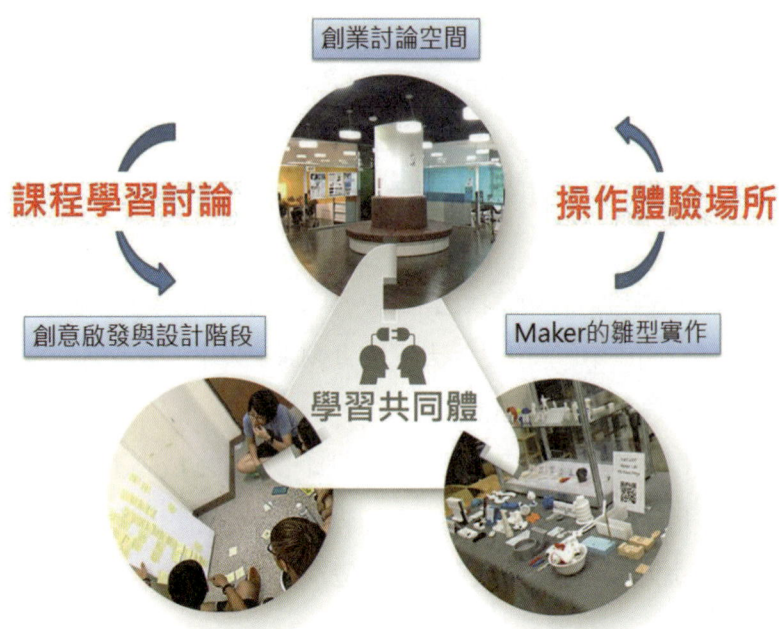

（圖5-9，學習共同體圖，拍攝於第一科大-創夢工場，陳建志拍攝，2015）

　　透過創意與創新課程所產出的不錯創意之後，學生即可利用跨領域實務專題課程的跨域結合，如圖5-10所示，讓最源頭的創意在團隊合作的腦力激盪之下的互相碰觸，而讓不同領域的人，透過不同的切入觀點，以及問題的交流，來產生出較為客觀的創意，再來就是進入到 3D 列印的雛型製作階段，此時，3D 列印的基礎入門操作就變得格外重要，而基礎入門包含了 3D 繪圖作業，必須要懂得如何透過 3D 軟體，將創意繪製出來。最後是基本的 3D 列印機台的操作實務，循序漸進地朝向可被執行的創新階段邁進，進而發揮 3D 列印的 Maker 精神，透過實作，來慢慢地翻轉現有的填鴨式教育。所以在未來，絕對是跨領域實務專題學習的創意加技術共存的製造者時代。

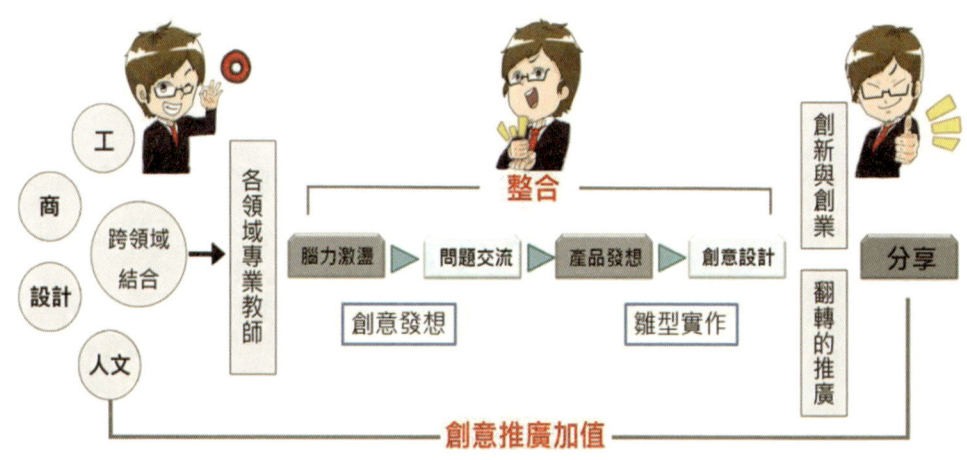

（圖5-10，跨領域實務專題學習 - 創意推廣教學，陳建志繪製，2016）

在開始操作 3D 列印之前的初期創意構想，可先以天馬行空的創意的構想為起點，但前提是不要太過於強調技術的可行性，如圖5-11 所示。而創意的雛型，絕對都是先以簡易的方法，如手繪稿或是 3D 建模等等，較不浪費發掘創意的時間，就如我們國立高雄第一科技大學的

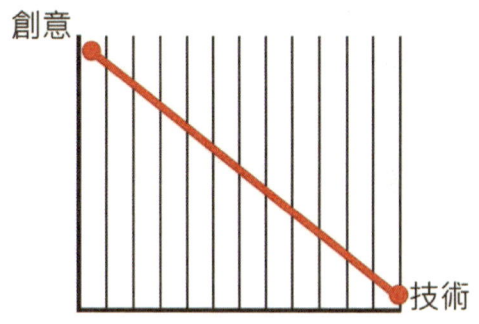

（圖5-11，創意初期過程圖，陳建志繪製，2016）

全校校通識課程——創意與創新，也是先讓學生們發掘出可被執行的創意之後，再應用到跨領域專題課程，透過現有的技術資源，來完成創意雛型，所以在草創初期，技術可以不必太過於強調，但須以創意的創新度為第一考量，也就是希望不要一開始就被技術給套住了，而無法跳脫出具差異性的創意。

進入製造者的年代後，成熟可行性高的創意，絕不能單單只靠天馬行空的圖面呈現，除了透過跨領域團隊不同觀點的切入，還得靠 3D 列印技術的積層的方式製造出成品雛型，透過圖 5-12 所示，每個交叉點都是必須透過圖與實體來進行討論、修正及微調等過程，以進行不斷的評估、判斷與修正，透過創意與技術的相輔相成，來提高客製化的可能性，也因為修改方便，所以可以隨時的跟著需求去做微調。

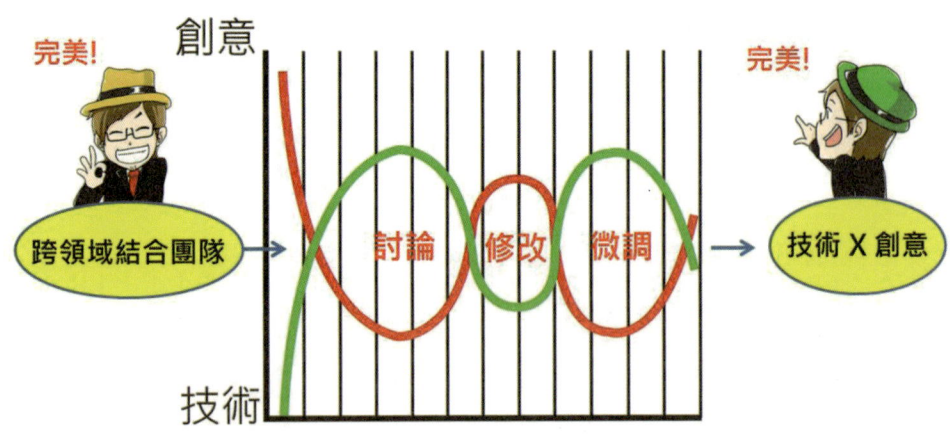

（圖 5-12，創意 × 技術過程圖，陳建志繪製，2016）

　　3D 列印可以降低個人往創意產業發展的阻礙，並透過社群網路的便利，來縮短與客戶之間的距離，大大的提高客製化市場的發展，且在網路科技愈來愈便利等條件下，利用免費的 3D 軟體的下載學習，並配合著 3D 列印機台，來將所做出的雛型，透過看得到之外，也摸得到的呈現，就可以明確地做即時做討論、修改、微調，進而使您的創意能更加接近完成階段，這些都是靠 3D 列印技術來加快討論的效率，又因為修改方便，所以可以隨時的跟著喜好、需求去做修改，但是 3D 列印可以應用的層面非常多，所以這種操作還是需要一些技術以及相關知識的認識，才可以有效正確地使用 3D 列印機器。

(二) 3D 列印的概略介紹

　　3D 列印是什麼呢？舉例來說，我們平時吃到的美味白米是怎麼來的呢？一開始都是透過農夫各自的栽種經驗及技術，來種植出漂亮稻子，但就算是漂亮的稻穀，沒有電鍋也無法烹煮出可以讓人吃的白米，所以電鍋就變得格外重要。漂亮的稻米及烹煮用的電鍋，就像是好的創意，如果要讓人感受得到，也需透過 3D 列印技術將您的創意實體化，透過雛形的呈現，才可以分辨出好壞，進而討論修正。創意跟種稻米一樣，都是必須花心思產出，但光有創意，並無法讓人確切的感受到，所以就得透過如烹煮白米的電鍋一樣，就像是好的創意設計圖與 3D 列印機的配合產出，如圖 5-13 所示，好的創意設計必須透過 3D 軟體建模之後，才能進行到 3D 列印機，將其雛型產出，以便後續可以討論修正，同時透過自己設計，自己動手做，才能慢慢向創新一步步邁進。

（圖 5-13，白米製作圖，陳建志繪製，2016）

所以，好的創意，如果沒有學習 3D 軟體繪製，就很難進行到 3D 列印機這部分，所以 3D 軟體的學習是非常重要的一個環節，但並非每個人都會操作，需要接受相關訓練配合，如圖 5-14 所示，要操作 3D 列印機，就必須配合一套適合自己學習的 3D 繪圖軟體，透過建構的 CAD 模型，再轉檔至 3D 列印機來進行堆疊的加法工程製作，這樣您的創意才能具體的呈現出來。

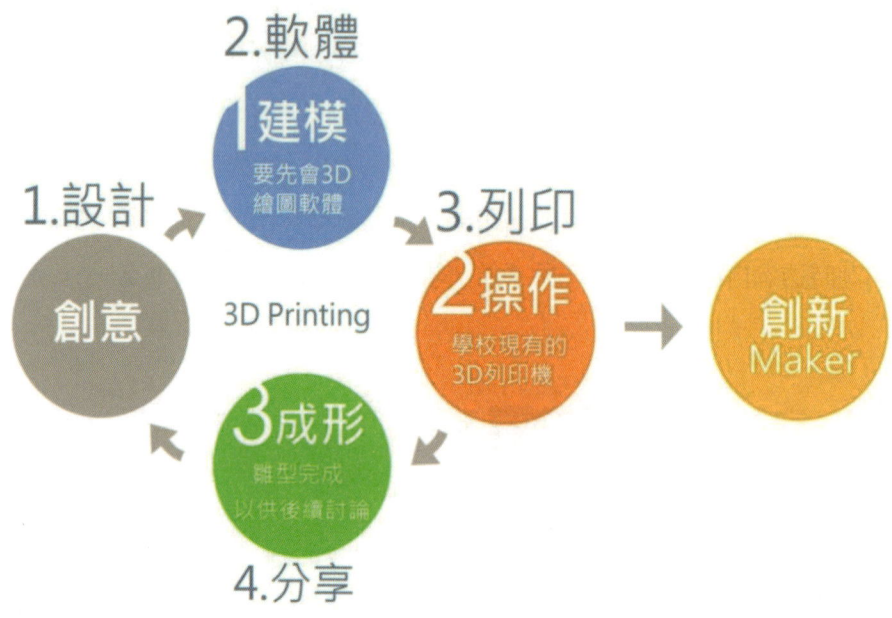

（圖5-14，3D 列印製作圖，陳建志繪製，2016）

二、3D 列印設備講解

利用 3D 輔助設計軟體，來建構出 3D 立體模型，繪製完模型之後，不同的 3D 列印機有不同的支援格式，但大部分都是轉存成 STL 檔，來產生出能夠讓機器逐層列印堆疊的截面資料（數位切片），同時透過 3D 列印機，將材料融合製出許多分層的模型，再將分層合起來就成為立體的物品，原理就像是傳

統的列印,把四色墨水印在紙張上,藉由墨水的層層堆疊後組成,最後來完成影像列印。而 3D 列印,卻是把溶劑擠壓到粉末狀態,然後將粉末進行固化,也有透過加熱製程,使噴頭融化可塑性材料的一種加工方式,透過噴頭擠出塑料後會馬上凝固在印表機台上,依照您的 3D 圖樣而層層堆疊出來,就像用印表機逐層堆疊出立體造型般,如圖5-15 所示。

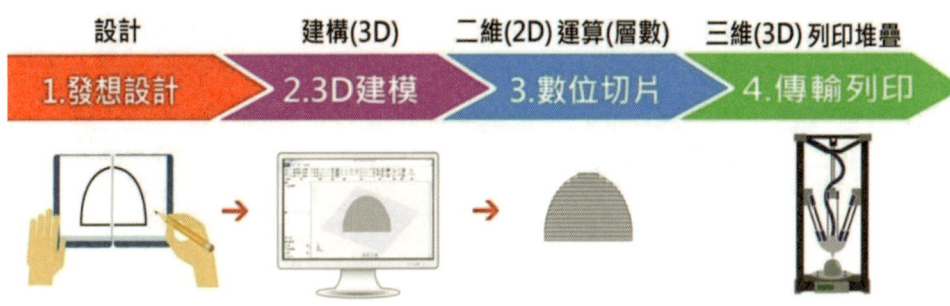

(圖5-15,3D 列印加工流程,陳建志繪製,2016)

　　市面上有很多 3D 繪圖軟體,大部分在業界的工業產品設計師,都普遍使用專業版的 Pro-E、SolidWorks、Alias 或是 Rhino 等軟體,可用於外觀造設計的繪製,或是內部機構工程設計。雖然 3D 軟體的觀念幾乎差不多,但在執行上的操作介面上卻大多不太一樣,尤其是針對剛開始的初學者,並不是很贊成一開始就學習專業版的 3D 繪圖軟體,而是建議先學習 Design Spark 這套繪圖軟體,這樣就會比較容易上手。如圖5-16 所示。

建議學習的3D軟體(目前普及的軟體)：

曲面 ➡ Alias、Rhino，用於外觀設計較多

實體 ➡ Pro-E、SolidWorks，機構設計部分較多

簡易版 ➡ Design Spark 基本型態的建構較容易

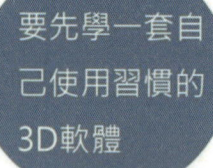

要先學一套自己使用習慣的3D軟體

（圖5-16，3D 軟體介紹，陳建志繪製，2016）

　　介紹了 3D 軟體後，那什麼是 3D 呢？3D（3 Dimensions），指的就是所謂的三維空間。三個維度以及三個 X、Y、Z 三個座標，簡單來說，就是長（X）、寬（Y）、高（Z）的空間的概念，所以 3D 的基本圖學觀念是由 X、Y、Z 軸組成的空間，也可說是建構出空間裡的立體型態，因此要建構 3D 立體模型圖，立體觀念及圖學觀念都是同等重要。

　　如圖 5-17 所示，將 3D 空間想成是在一個方塊空間去建構您想要的圖型，透過 XYZ 軸的輔助，讓您在建構 3D 圖時，對於立體感及圖學能掌握得更加的準確，畢竟 3D 圖檔是要在日後進行 3D 列印時的基準，準確度越高，雛型作業上也會出現差異。

Y
X
Z
Y
X
Z

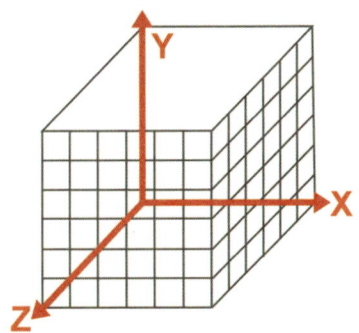

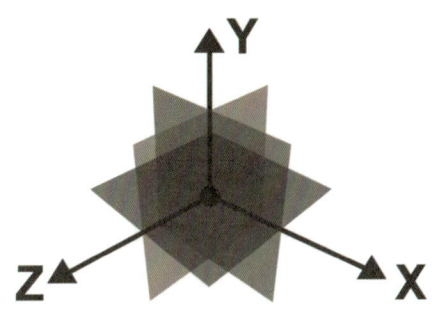

（圖5-17，XYZ 三維圖，陳建志繪製，2016）

所以，在讓創意者做出屬於自己的創意商品，來成為一位 Maker 之前，就必須先學會一套 3D 繪圖軟體，而本章節所提及的 3D 軟體（Pro-E、SolidWorks、Alias、Rhino），也都較由偏向專業繪圖工業產品設計師所使用，難度有點高，所以本章節介紹一套可以免費下載又易上手的 3D 軟體── Design Spark，如圖 5-18 所示。針對初學者建構基本立體型態，也相對的簡單易懂。

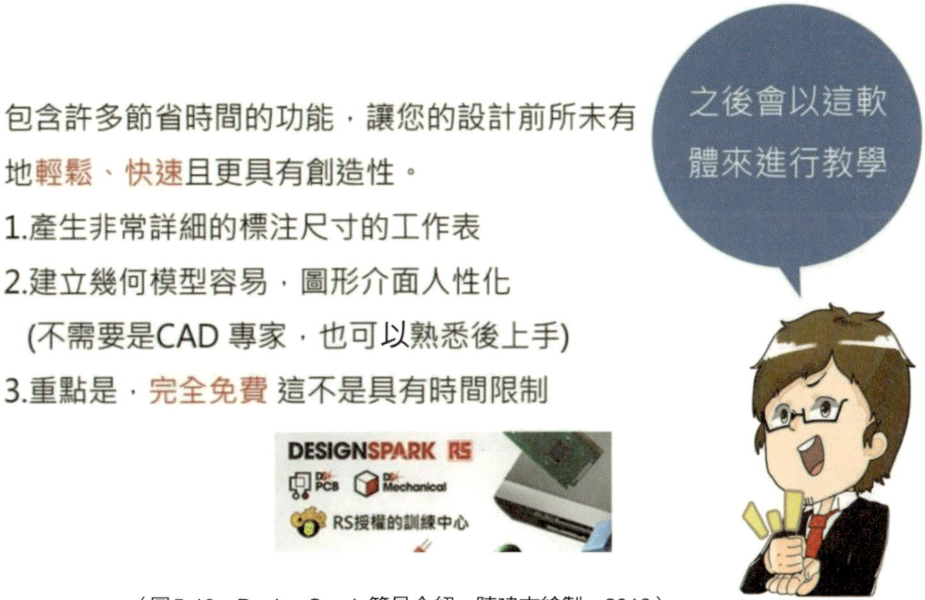

包含許多節省時間的功能，讓您的設計前所未有
地輕鬆、快速且更具有創造性。
1.產生非常詳細的標注尺寸的工作表
2.建立幾何模型容易，圖形介面人性化
(不需要是CAD 專家，也可以熟悉後上手)
3.重點是，完全免費 這不是具有時間限制
DESIGNSPARK RS
PCB
Mechanical
RS授權的訓練中心
之後會以這軟體來進行教學

（圖5-18，Design Spark 簡易介紹，陳建志繪製，2016）

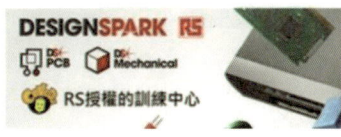

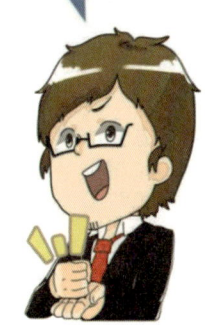

透過圖5-19所介紹的操作流程圖，第一個重要的關卡，就是必須先學會一套3D繪圖軟體──Design Spark 操作，圖面建置完成時，記住，都要先存成STL檔，取好檔名之後，再將STL圖檔丟置於另一個3D列印需要的切片軟體──CURA，這是為了運算出列印的層數及時間，以便能夠堆疊產出，如圖5-20所示。

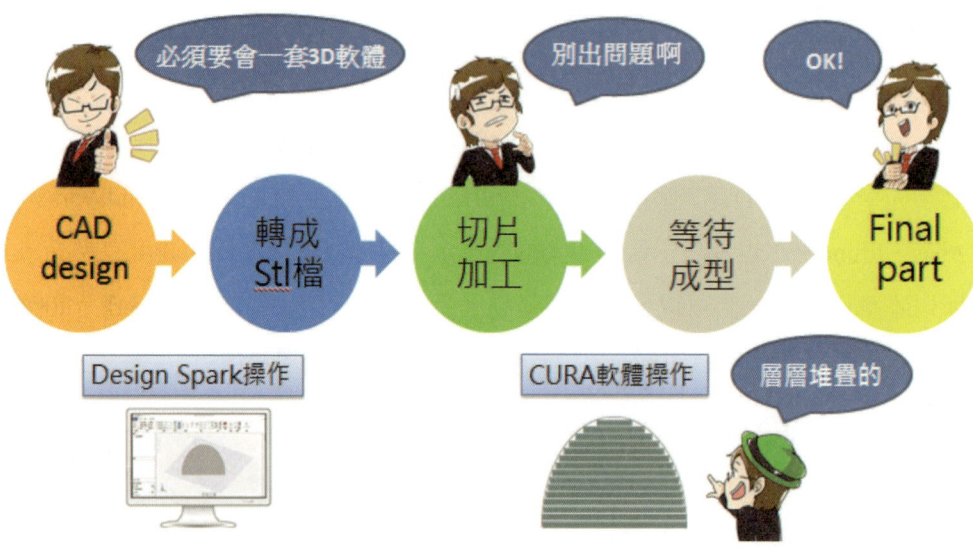

（圖5-19，軟體的操作及3D列印概略，陳建志繪製，2016）

掌握幾個原則

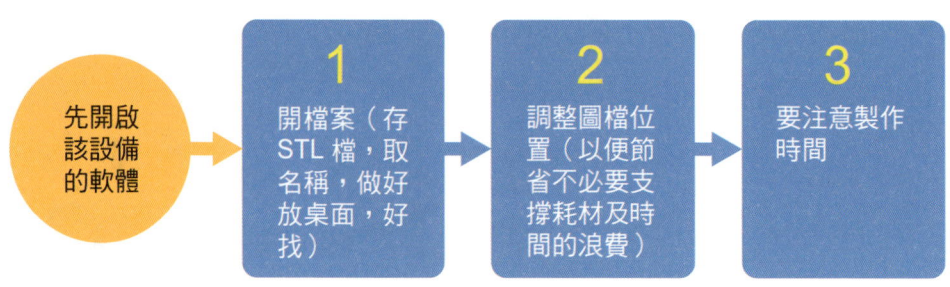

（圖5-20，軟體的操作所要掌握原則，陳建志整理，2016）

CURA 軟體的操作，如圖5-21 所示，主要就是讓您繪製完成的 3D 圖檔能更容易進到 3D 列印機時的層層堆疊（就好像印表機上色一樣，也是層層堆疊原理），並估計在進行切片層數的運算及堆疊時所要花費的時間，這其實都是為了在後續方便計算您的圖所要花費多少材料或費用，以及要多少時間來完成，因為材料及機器運算的時間都是製作上的消耗。

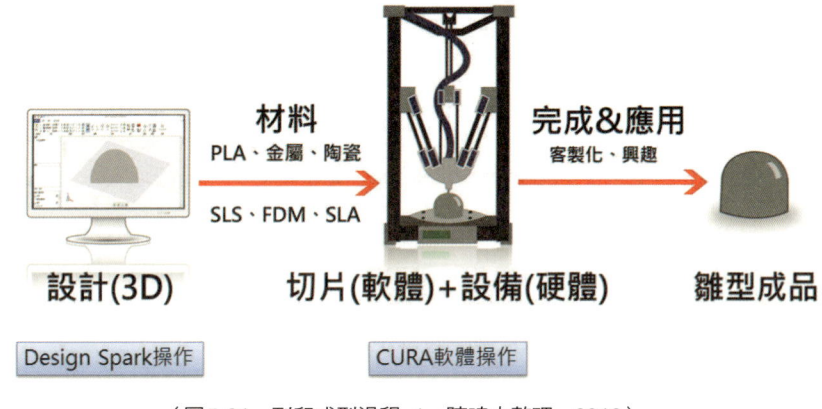

（圖5-21，列印成型過程-1，陳建志整理，2016）

　　在 3D 列印普及之前，以往要做創意模型時，大多是用傳統 CNC（電腦數值控制 —— Computer Numerical Control）減法加工成型方式，如圖5-22 所示，從一大塊的材料（代木或是 ABS）雕琢出可用的部分（減法加工），不僅耗時、成本高，製作也較困難。相較之下，3D 列印是利用層層累積的製作過程，逐層堆疊出物件的加工方法，較可以省去外包打樣等待時的直接成本，讓人們可以在家輕鬆為您的商品打樣。所以，3D 列印科技影響我們的生活很大，若持續發展，相信將為人們的生活帶來革命性的變化，除了可以堆疊方式做出精緻的物品之外，同時能夠降低產品成本及縮短生產時間。也由於自造者的時代已來臨，創客（Maker）運動正夯！國立高雄第一科技大學為了培育 Maker 人才，強調創意、自製、動手做的精神，也引進了許多的 3D 列印設備，使動手做的精神有效的融入學校教育及生活當中。

創意實作 ▶ 3D 列印繪圖與操作

（圖5-22，減法加工與加法加工比較，陳建志繪製，2016）

　　圖5-23 主要是國立高雄第一科技大學所引進市面上常運用的到的 3D 列印設備，大多是透過 FDM（Fused Deposition Modeling）- 熔融成型，主要是將使用的材料加熱到一定的溫度後，形成半熔融狀態，再將材料擠出在平面架上後降溫回復成固態。透過反覆進行堆疊作業，就可印出立體物件，除了方便快速外，也提供學生們更多創意與創新的發想空間與實作的機會。

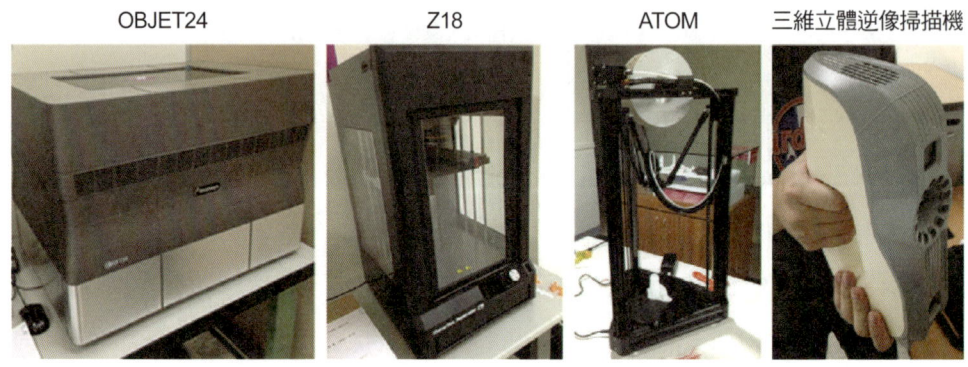

（圖5-23，3D 列印設備，國立高雄第一科技大學 - 創夢工場，陳建志拍攝，2015）

　　首先，我們會透過下個單元來介紹目前國立高雄第一科技大學的創夢工場內主要的 3D 列印機台，但在操作上，會先以 ATOM2.0 的機種來示範操作，畢竟較易上手，對於剛學習完 3D 軟體的初學者，之後的上機操作方面，也比較不會因繁瑣的步驟而打退堂鼓。我們必須先了解目前市面上 3D 列印的種類及

各種不同的操作方式之後,再教授容易上手的 3D 軟體常用之基本功能,相信就能慢慢上手,自己動手做。

三、3D 列印設備介紹講解

在操作 3D 列印機台之前,就得先了解 3D 列印之基本原理,傳統的列印是把四色墨水噴印在紙張上,藉由墨水的組成產生影像,而 3D 列印是指將 3D 物體分成很多分層,透過高溫的雷射加工,將材料融合擠出許多分層的模型,再將分層合起來,就成為一個立體的物品,而 3D 列印使用的材料基本上就以 PLA 環保纖維、石膏粉及 ABS 塑膠料等較為普遍常見,如圖5-24 所示。

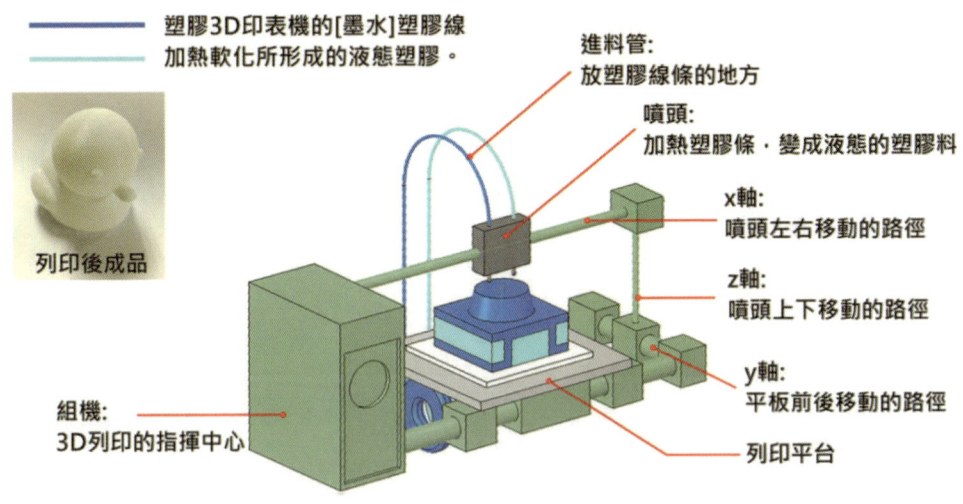

(圖5-24,3D 列印設備架構,陳建志繪製,2015)

市面上常見的 3D 列印,可依據圖5-24 所呈現的四大種類為主,其一為熔融層積(Fused Deposition Modeling,FDM)技術,主要是一種將其加熱後,使噴頭融化可塑性材料的加工方式,透過噴頭擠出塑料後會馬上凝固在印表機台上,以便能依照您的 3D 圖樣層層堆疊出來。

創意實作 ▶ 3D 列印繪圖與操作

　　另外是立體光固化成型（Stereo Lithography Apparatus, SLA），主要是以紫外線或雷射照射液體光樹脂，來讓加工表面硬化的一種方式。

　　再來是 3D 粉末列印（3DP），主要是以石膏粉末為底，使用彩色墨水及黏結劑的噴嘴，針對成型部位進行噴膠，再以滾筒鋪上一層新的粉末，然後讓硬化的部分下移，重複硬化製成產品成型。

　　最後是選擇性雷射燒結（Selective Laser Sintering, SLS），以粉末為原料，透過雷射光照射成型部位，讓粉末燒結凝固後，再以滾筒鋪上一層新的粉末，至物品成型，以上都是普遍企業界及教育界常見的 3D 列印機種，而一般居家最常使用的大多是 FDM（熔融層積技術），其原因是印表機及耗材便宜，針對初學者而言，也相對容易操作，這四大區塊主要可以圖5-25所示。

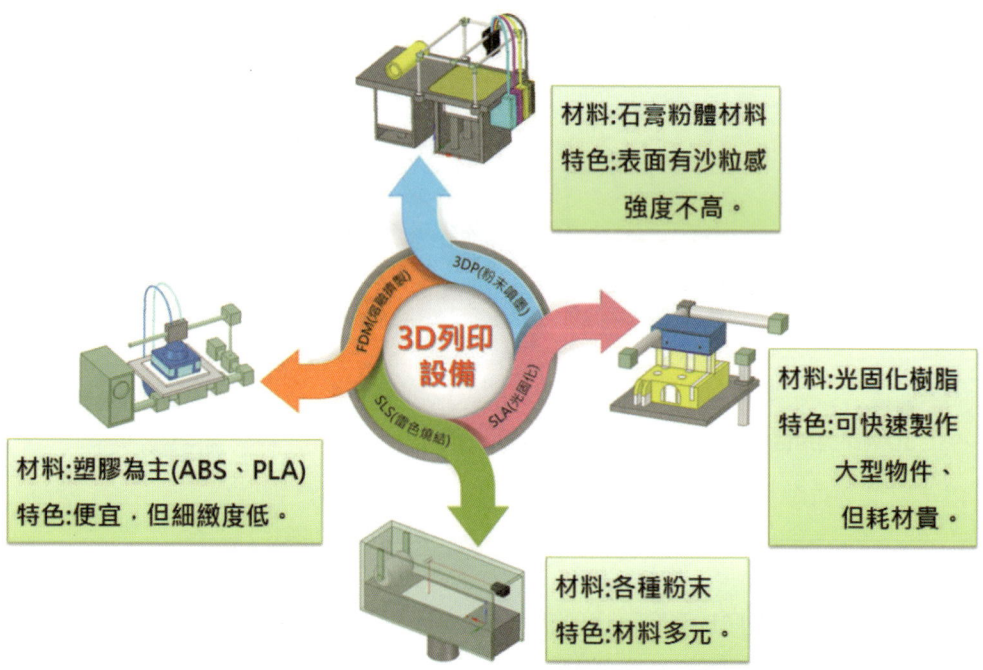

（圖5-25，3D 列印機種類介紹，陳建志繪製，2016）

(一) 3D 列印設備（FDM）

熱熔層積成型（Fused Deposition Modeling, FDM）：

　　FDM（熔融層積成型）是一種採用添加劑來製造成型的建模技術，材料會被加熱至半熔融狀態並在平台上擠出堆疊，再以溫度下降來加以固化，透過反覆地向上堆疊。這種技術是常見的 3D 列印技術，一般的 FDM 列印機，只能列印單色物件，也沒有額外的支撐材料，支撐部分就用密度較低的成型材料代替，如圖 5-26 所示。

（圖5-26，熱熔層積成型（Fused Deposition Modeling, FDM），陳建志繪製，2015）

(二) 3D 列印設備（SLA）

立體光固化成型（Stereo Lithography Apparatus, SLA）：

　　需以光固化樹脂為材料，透過雷射一層層掃過液態的光固化樹脂來使其硬化成型，再透過硬化的部分下移，重複硬化製成以覆蓋先前的液態光固化樹

脂，最後完成成品後，會再往上移動，得以方便取下，但光固化樹脂的成本會較高，如圖5-27所示。

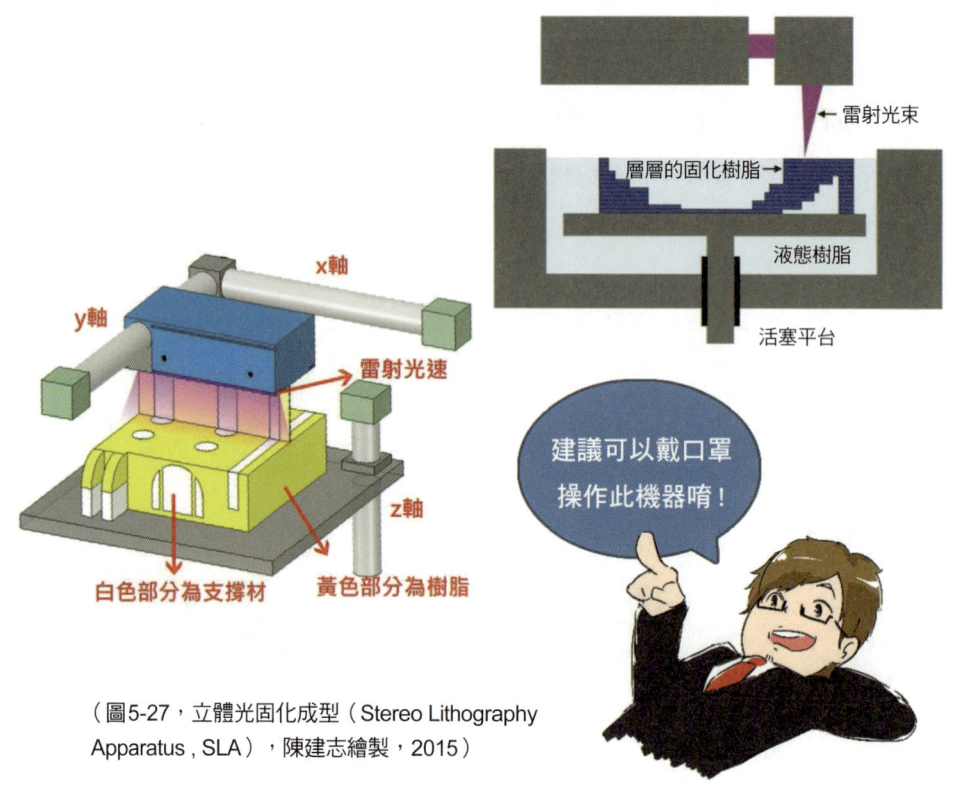

（圖5-27，立體光固化成型（Stereo Lithography Apparatus，SLA），陳建志繪製，2015）

(三) 3D 列印設備（3DP）

3D 粉末列印（Plaster-based 3D printing）：

製成原理是在平台上鋪上粉末，然後再從噴頭噴出黏著劑，將需要固化部分的粉末黏在一起，層層重複到最後完成成品。原理類似噴墨印表機，也被稱為粉末噴墨或膠水固化噴印的方式。3DP 主要是採用淺灰白色的石膏粉材料，Plaster 也就是石膏粉的意思，它可以在成型時同時噴上彩色般的膠水，如此一來成型後的實體，就可以帶有繽紛顏色的狀態，如圖5-28所示。

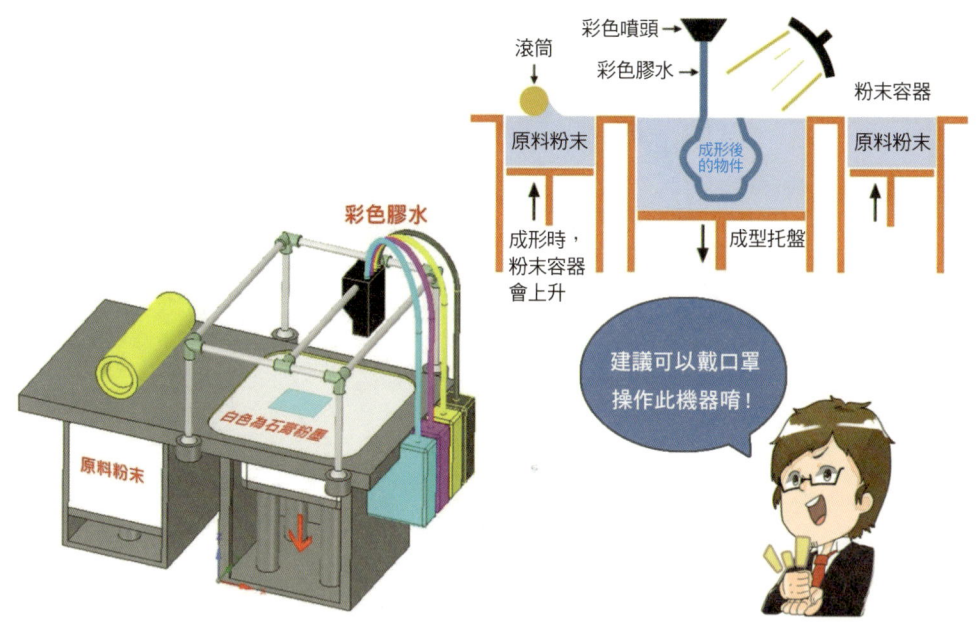

（圖5-28，3D 粉末列印（Plaster-based 3D printing），陳建志繪製，2015）

(四) 3D 列印設備（SLS）

選擇性雷射燒結（Selective Laser Sintering, SLS）：

在工作台上均勻鋪上一層薄薄的金屬或塑料粉末作為原料，雷射在電腦的控制下，通過掃描器以一定的速度和能量，按分層面的二維資料掃描（X 及 Y）。經過雷射束的掃描之後，相對應位置的粉末就會燒結成一定厚度的實體片層，也就是將材料融合在一起，而未掃描的地方，最後主要是呈現保持鬆散的粉末狀，而燒結後的實體片層，會慢慢下降，逐一完成之後才會上升取下實體成品，如圖5-29 所示。

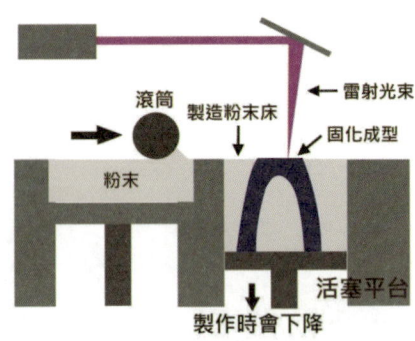
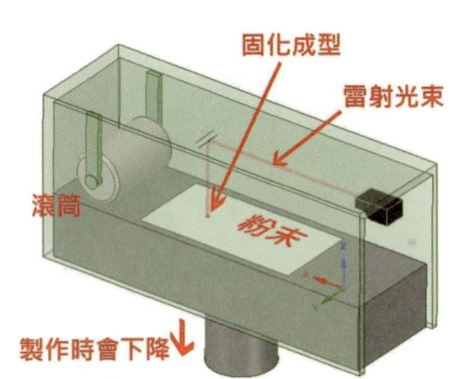

（圖5-29，選擇性雷射燒結（Selective Laser Sintering，SLS），陳建志繪製，2015）

5.2　3D 列印軟體及設備的操作

一、Design Spark 軟體的下載與操作介紹

　　上述介紹完主要 3D 列印的認識，以及市面上常見的 3D 列印機種，相信各位應該對 3D 列印有相當的認識，這單元一開始會介紹基本的 3D 軟體操作，畢竟，使用 3D 列印時，沒有先建構一組 3D 模擬圖，也就沒辦法操作 3D 列印。本單元會教授 Design Spark 這套軟體，透過簡單的操作過程教學，讓初學者也能經過練習後來輕鬆利用 3D 軟體繪製出創意的圖檔。

　　此單元會一步一步地教導各位該如何從網路上下載來自一家由英國的線上零件代理商（RS Components）所提供的免費 Design Spark 繪圖軟體，各位可以先從這套軟體學習幾個建模常用的基本功能介紹，再透過簡單有趣的小範例，

一步一步的運用建模軟體的常用工具，並設計出屬於自己的小作品，之後才能進行 3D 列印機的操作。

　　所以，此單元開始告訴各位下載的步驟，該如何的從網路上下載本單元所要教的免費 3D 軟體──Design Spark，其下載操作步驟如圖5-30 所示。

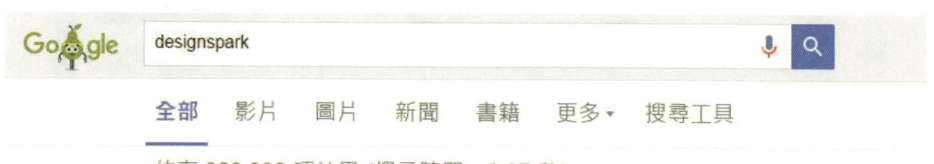

（圖5-30，google - Design Spark 下載第一步驟，陳建志整理，2015）

　　第一步，首先在網路搜尋上打出 Design Spark 後點選第一個它們的官網，可直接點選進去，然後進入第二步驟，如圖5-31 所示。

5-25

創意實作 ▶ 3D 列印繪圖與操作

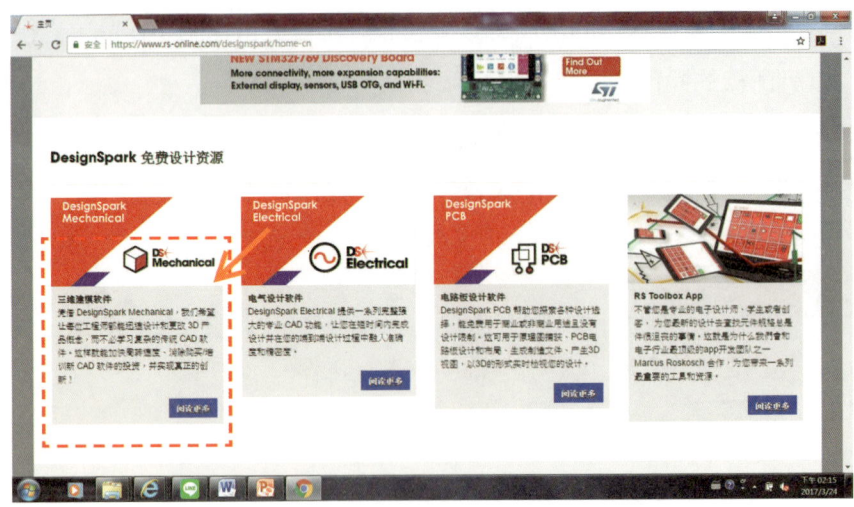

（圖5-31，google - Design Spark 下載第二步驟，陳建志整理，2015）

接著進行第二步驟，進入官方網頁後，點選紅框內的圖示（DS Mechanical）進入，開始進行下載動作，如圖5-32所示。

（圖5-32，google - Design Spark 下載第三步驟，陳建志整理，2015）

開始進行第三步驟，進入後畫面後，再下載與安裝內點選，進行軟體下載的第四步驟，如圖5-33所示。

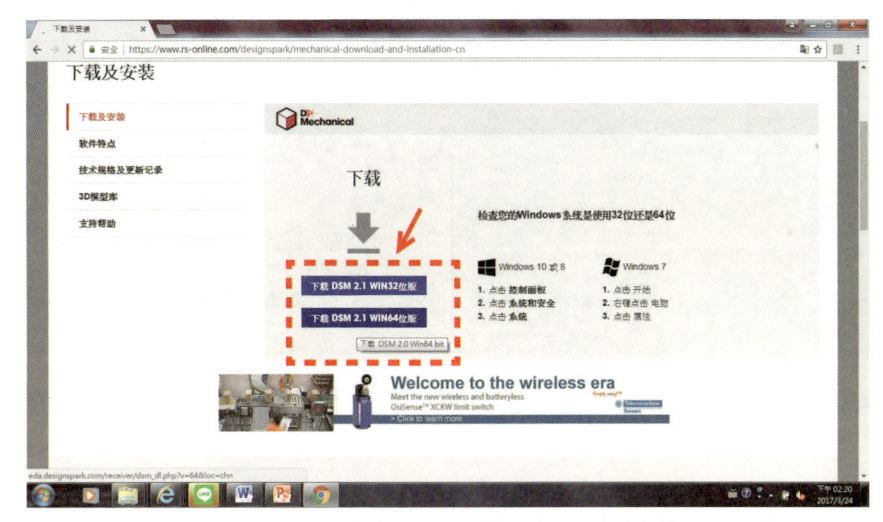

（圖5-33，google - Design Spark 下載第四步驟，陳建志整理，2015）

二、主要常用工具列介紹

進入第四步驟後，此步驟必須針對您自己的電腦或筆記型電腦的版本別，找到下載 32b 跟 64b 的連結，64 位元的電腦可以裝 32b 跟 64b 的，但是 32 位元的電腦只能安裝 32b 的，此階段必須依照個人的電腦規格來安裝。

之後進入第五步驟，會直接出現在畫面左下方的壓縮檔，也請各位耐心的等待下載完成，大概約等 2～3 分鐘左右，如上圖5-34所示。

創意實作 ▶ 3D 列印繪圖與操作

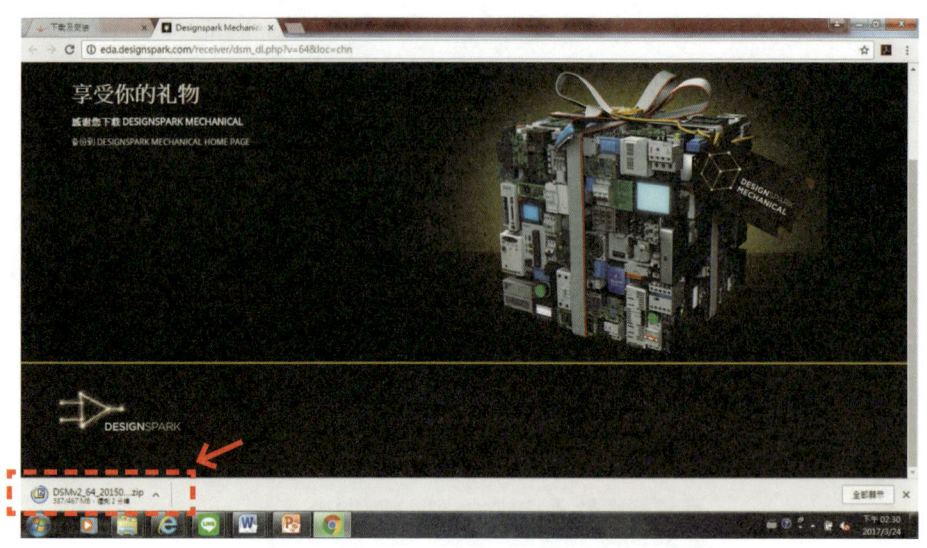

（圖5-34，google - Design Spark 下載第五步驟，陳建志整理，2015）

等待下載完成之後，我們繼續完成第五步驟，打開你的壓縮檔後，解壓縮到你的硬碟裡，進入檔案夾當中，再將 Installer.msi 這個安裝檔打開後，點選下一步驟即可進行安裝，如圖5-35 所示。

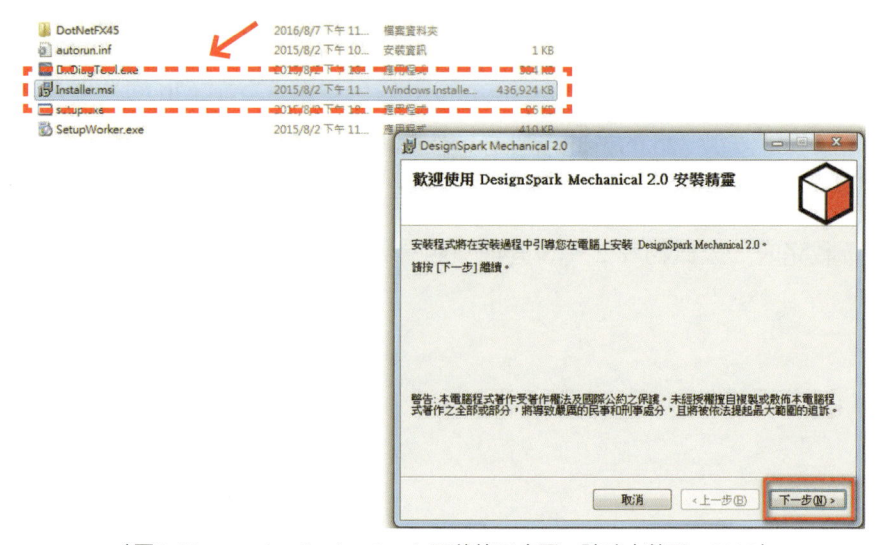

（圖5-35，google - Design Spark 下載第五步驟，陳建志整理，2015）

5-28

點選完下一步,進入第六步驟,可點選我同意後按下一步,如圖5-36所示。

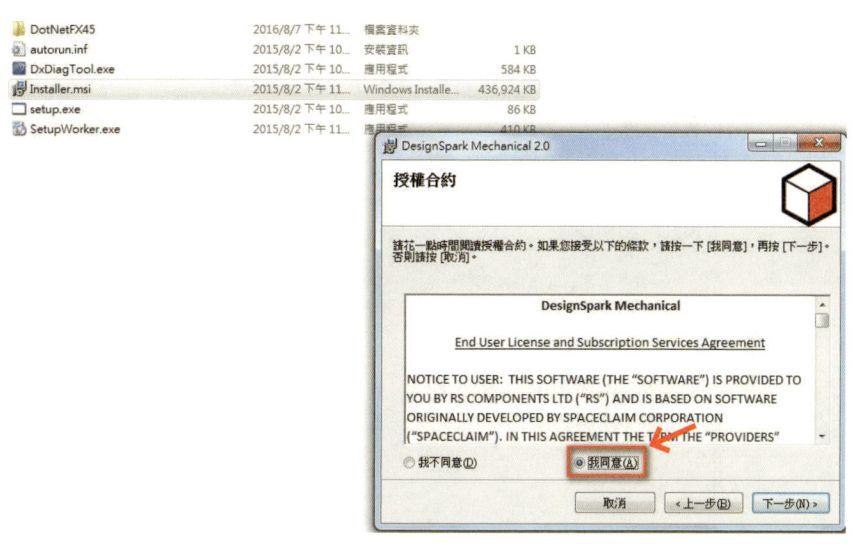

(圖5-36,google - Design Spark 下載第六步驟,陳建志整理,2015)

按下瀏覽可選擇資料的儲存路徑,選擇完畢後按下一步,如圖5-37所示。

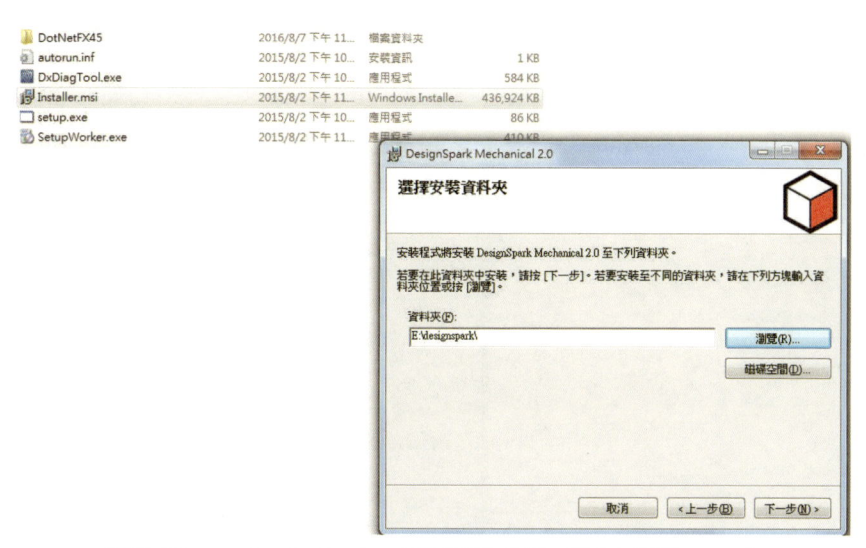

(圖5-37,google - Design Spark 下載第七步驟,陳建志整理,2015)

5-29

進入第八步驟，按下一步確認安裝，一直往下繼續安裝即可，如圖5-38所示。

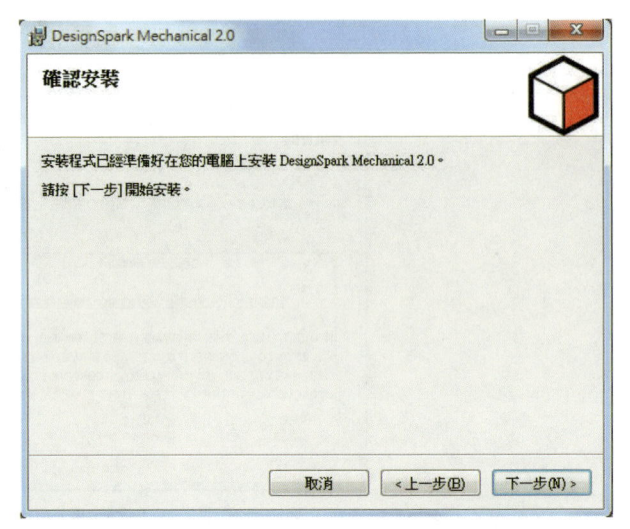

（圖5-38，google - Design Spark 下載第八步驟，陳建志整理，2015）

第九步驟，安裝完畢後按下關閉，如圖5-39所示。

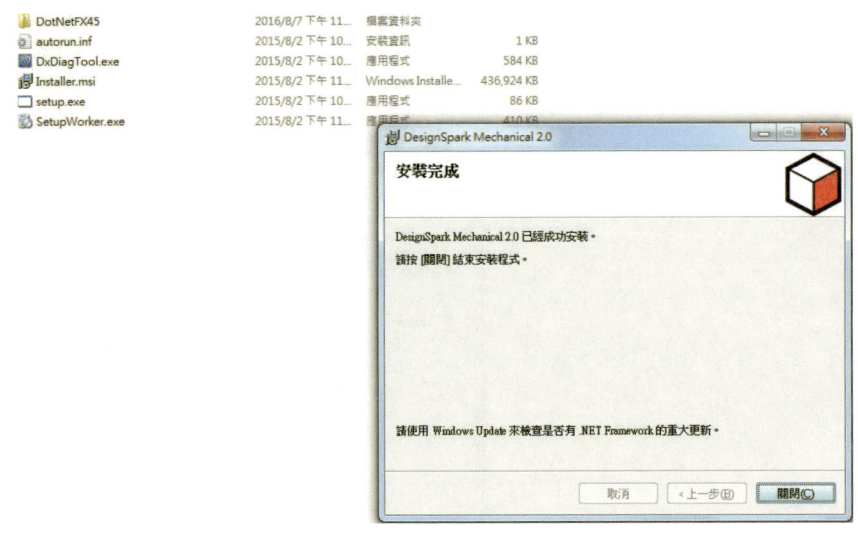

（圖5-39，google - Design Spark 下載第九步驟，陳建志整理，2015）

最後一個步驟，可將你安裝好的軟體打開後，畫面中會先請您建立一個帳戶，就是輸入一些基本資料後，建立完畢後再將帳號密碼輸入進去，按下登入就 ok 了，如圖5-40 所示。

　　透過圖5-40 及圖5-41 所示，即可順利進入 Design Spark 的空白操作繪圖畫面，如圖5-42 所示，之後就可開始介紹繪圖時所會用的工具介紹囉！

（圖5-40，google - Design Spark 下載第十步驟，陳建志整理，2015）

（圖5-41，google - Design Spark 下載完成建立繪圖視窗步驟，陳建志整理，2015）

5-31

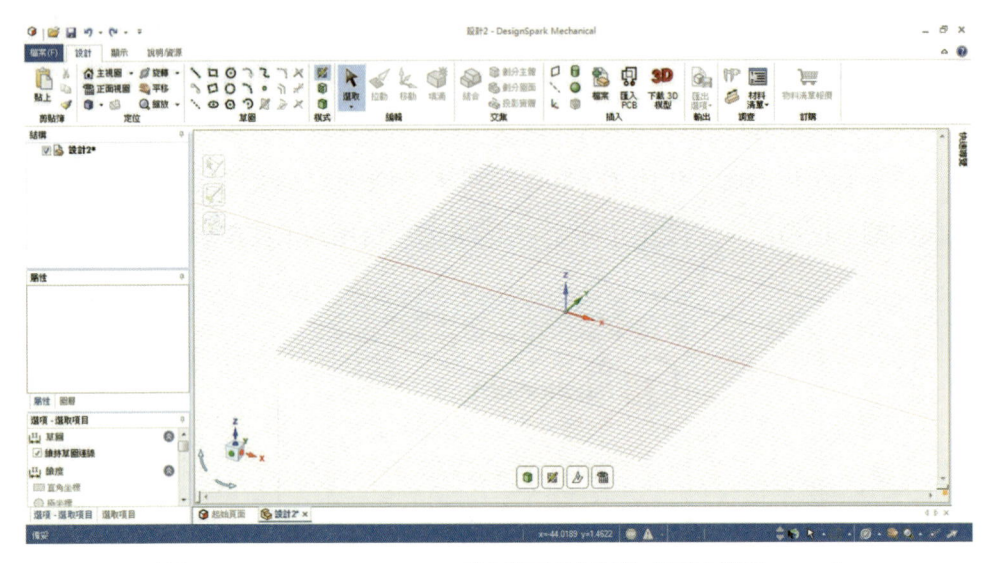

（圖5-42，google - Design Spark 進入繪圖視窗步驟，陳建志整理，2015）

　　開始進入 Design Spark 空白操作繪圖畫面之後，您可看到上列有一排類似操作介面的工具區塊，主要區分成檔案開始、定義圖形的位置架構（定位）、進行雛型的繪製（草圖）、切換 2D 及 3D 的繪製架構（模式）、進行實體的變化（編輯）、實體的裁切及接合（交集）及實體的薄殼功能的處理，其實就跟蓋房子的觀念很像，透過圖5-43 所表示，從一開始要在哪蓋房子，以及房子的骨架如何設定長出想要的線架構，之後幫建構的房子骨架灌水泥或鋪磚塊等實體化工作，即可完成大致上的房子建造。所以，其實建構 3D 模型，就跟想像中的蓋房子方式一樣，差別就在於繪圖軟體介面上的習慣操作跟觀念的了解而已，接下來會透過 Design Spark 軟體，針對初學者階段，提供較為常用到的功能介紹。

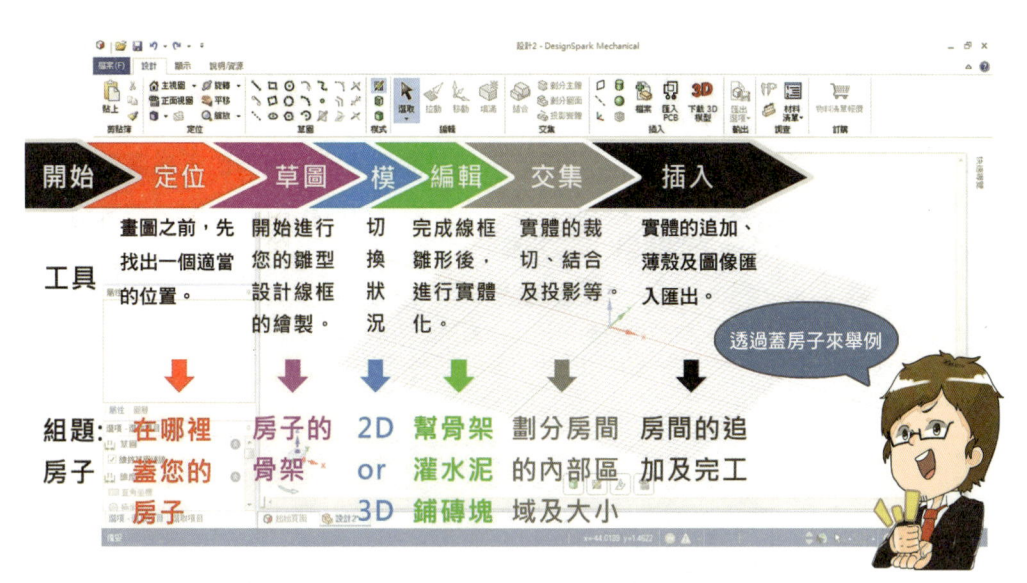

(圖5-43，google - Design Spark 繪圖工具介紹，陳建志整理，2015)

(一) 主要常用工具列示範介紹

　　如圖5-44所表示，一開始進入主繪圖畫面時，您所看到的畫面會跟圖5-44一樣，圖5-44左方的紅框部分 - 定位功能，為常用工具裡面第一個要跟各位介紹的常用工作區塊，主要是您的立體圖的視角，看您是要從什麼角度去進行（紫色方塊工具最常使用，可以隨時切換任何視角），也可認識放大縮小，或是旋轉及移動畫面裡的模型圖檔、實際操作方式，本單元會透過實際的操作（配合滑鼠）來一步一步的告訴大家該怎樣進行上述的動作，這部分開始會較仔細的教大家，透過 Design Spark 軟體較常用到的一些基本工具，所以這單元開始，會比較重要，請各位要認真跟著單元裡的步驟執行！

創意實作 ▶ 3D 列印繪圖與操作

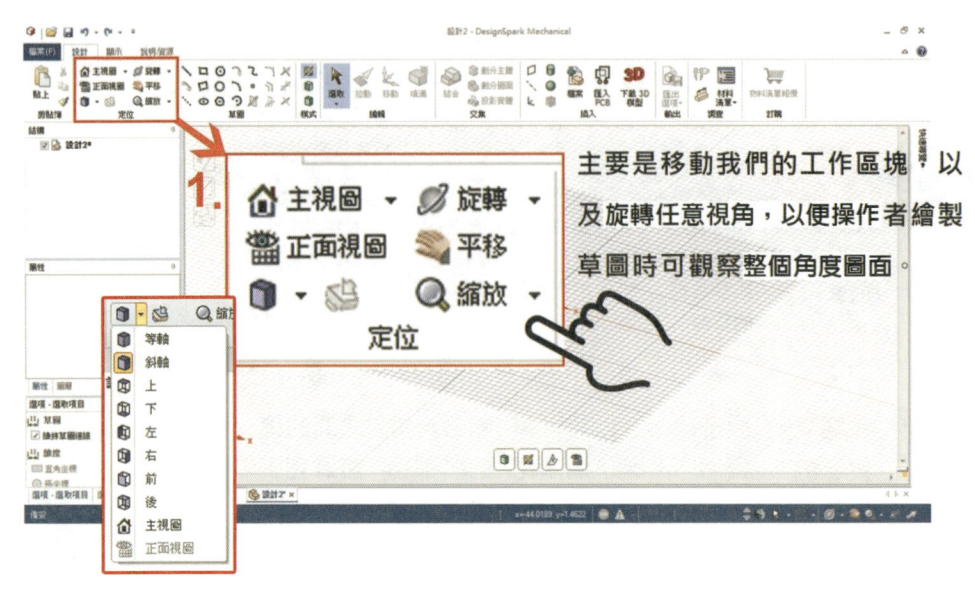

（圖5-44，Design Spark 繪圖常用之工具介紹-定位，陳建志整理，2015）

透過圖5-45 所示，主要是介紹在基本工具列中的主視圖跟正面視圖的功能，也是很重要的視角定位之功能操作。

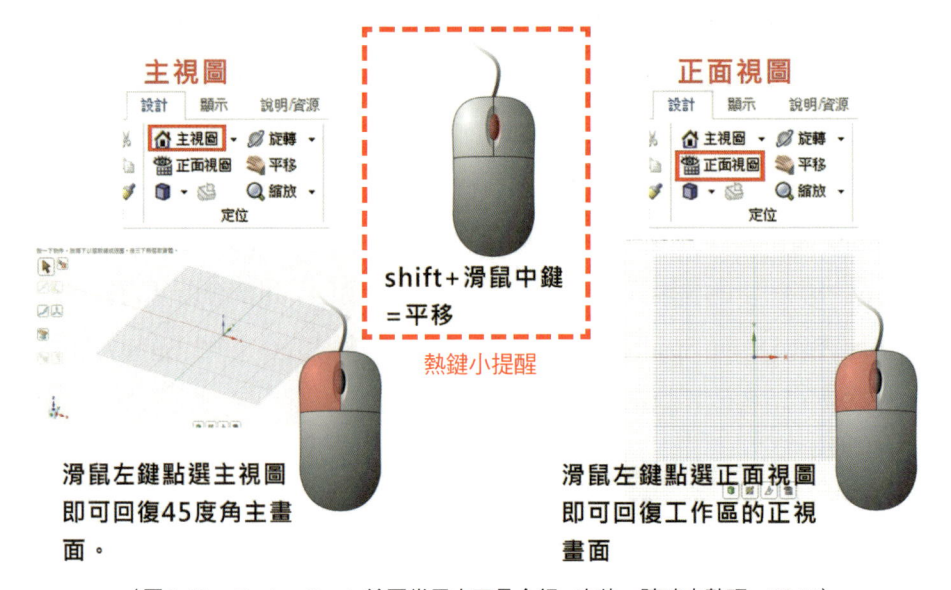

（圖5-45，Design Spark 繪圖常用之工具介紹-定位，陳建志整理，2015）

透過圖5-46所示，主要是介紹在基本工具列中的斜軸工具及旋轉工具之操作，也是很重要的視角定位之功能操作。

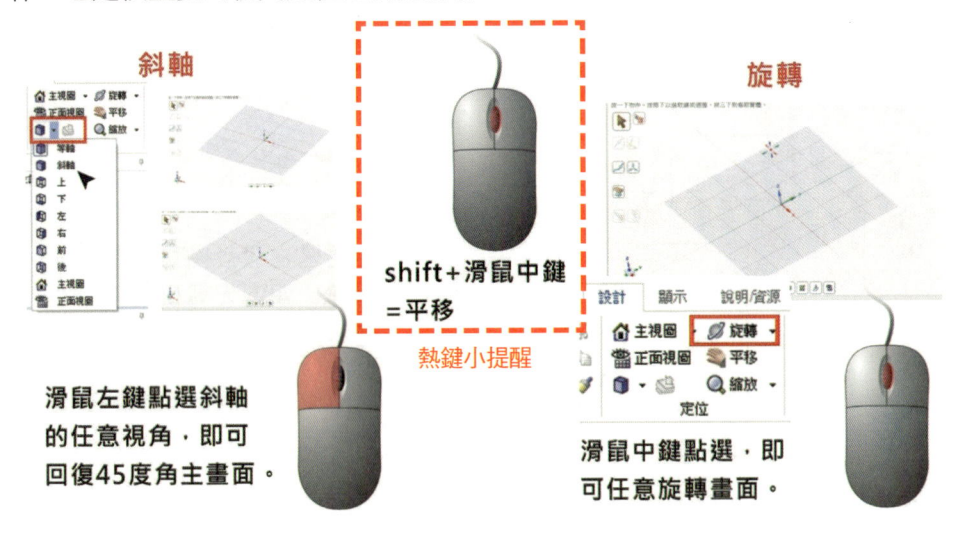

斜軸

旋轉

shift+滑鼠中鍵
=平移

熱鍵小提醒

滑鼠左鍵點選斜軸的任意視角，即可回復45度角主畫面。

滑鼠中鍵點選，即可任意旋轉畫面。

（圖5-46，Design Spark 繪圖常用之工具介紹 - 定位，陳建志整理，2015）

透過圖5-47所示，主要是介紹在基本工具列中的平移移動及模型圖角度旋轉的重要功能操作，這兩個功能也是繪圖時常用到的操作工具。

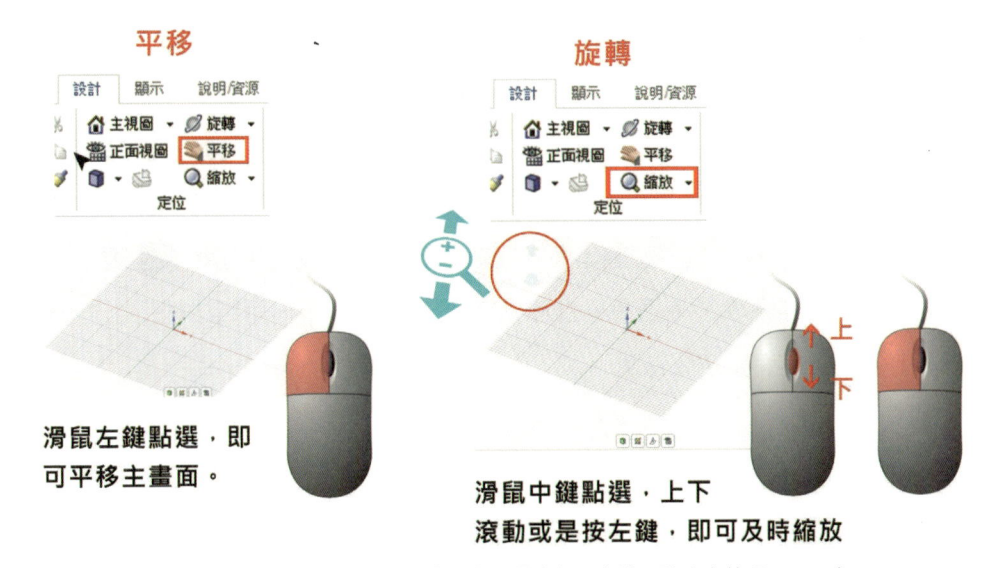

平移

旋轉

滑鼠左鍵點選，即可平移主畫面。

滑鼠中鍵點選，上下滾動或是按左鍵，即可及時縮放

（圖5-47，Design Spark 繪圖常用之工具介紹 - 定位，陳建志整理，2015）

透過圖5-48 所示，主要是介紹在基本工具列中，第二個重要的草圖工作區域，這區域就像是在畫平面 2D CAD 圖一樣，在長出實體之前的重要 2D 線框架構，此單元在草圖工作區內，會逐一地介紹草圖功能的操作。

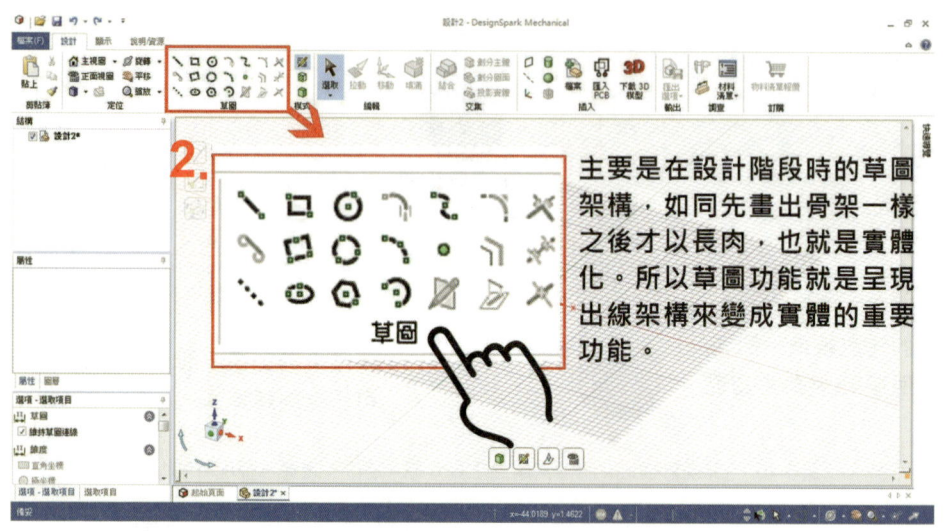

（圖5-48， Design Spark 繪圖常用之工具介紹 - 草圖，陳建志整理，2015）

透過圖5-49 所示，主要是介紹在基本工具列中 - 草圖內的線條工具，也是最常在建構造型外觀的重要工具之一，操作方式如圖5-49 顯示，重點在於圖面上的小藍色區塊，這部分是輸入數值的重要步驟，很多人都會忘記輸入或是輸入到小數點之後，在圖5-49 範例中，能夠輸入整數 20 mm，就不要輸入20. 多，這樣會比較清楚和完整，而在完成長料動作之後，也請按 esc 鍵，以確定這個動作已經完成，不然會一直停留在這功能的動作，而無法執行下一個動作，請各位操作者一定要注意。

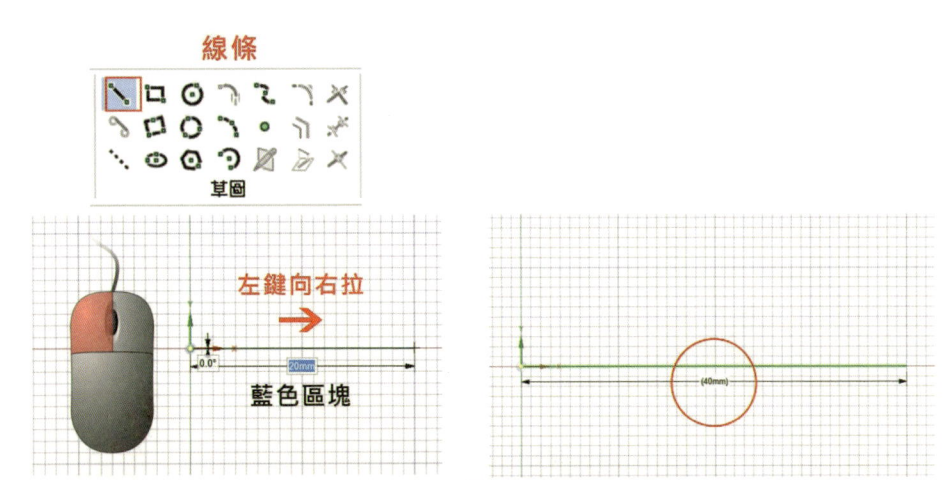

按滑鼠左鍵項右拉出20mm的直線後,藍色區塊就可直接輸入40mm的數值,之後完成數值輸入的動作後,按 esc 鍵,來結束這條線的繪製。

(圖5-49, Design Spark 繪圖常用之工具介紹 - 草圖,陳建志整理,2015)

透過圖5-50所示,主要是介紹在基本工具列中 - 草圖內的三點圓形及三點弧線的工具介紹,在線架構的部分,主要是針對正圓形及圓弧線架構的功能介紹,也請注意在輸入及完成動作後,務必養成習慣按 esc 鍵來結束該動作。

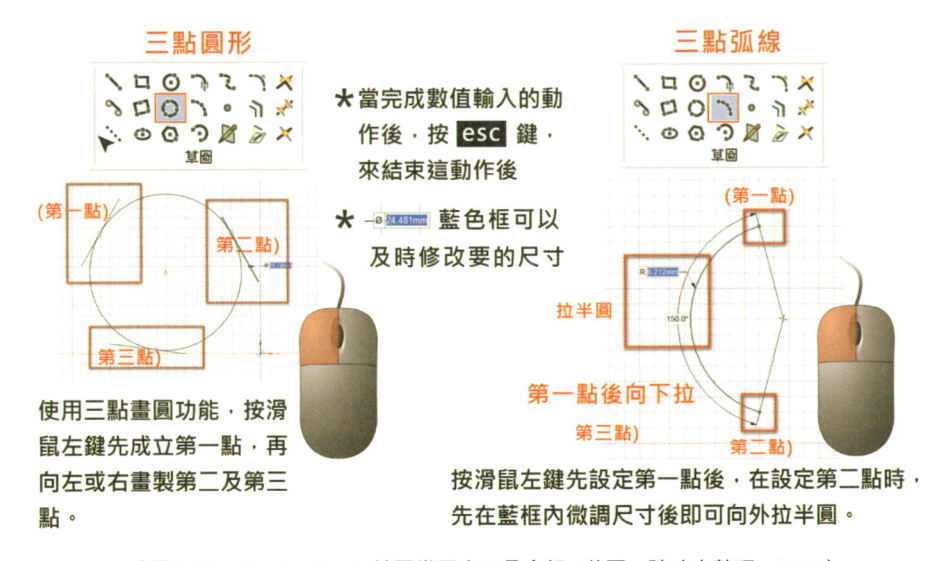

使用三點畫圓功能,按滑鼠左鍵先成立第一點,再向左或右畫製第二及第三點。

按滑鼠左鍵先設定第一點後,在設定第二點時,先在藍框內微調尺寸後即可向外拉半圓。

(圖5-50, Design Spark 繪圖常用之工具介紹 - 草圖,陳建志整理,2015)

5-37

透過圖5-51所示，主要是介紹在基本工具列中 - 草圖內的雲型曲線的工具介紹，在線架構部分，主要是針對較不規則曲線的繪製，這功能初學階段，可能需要多練習，因為畢竟是用滑鼠操作，操作上較不順手，但多練習就習慣用滑鼠來繪製不規則的曲線作業，一樣得注意完成動作後按 esc 鍵結束動作。

雲型曲線

★當完成數值輸入的動作後，按 esc 鍵，來結束這動作後

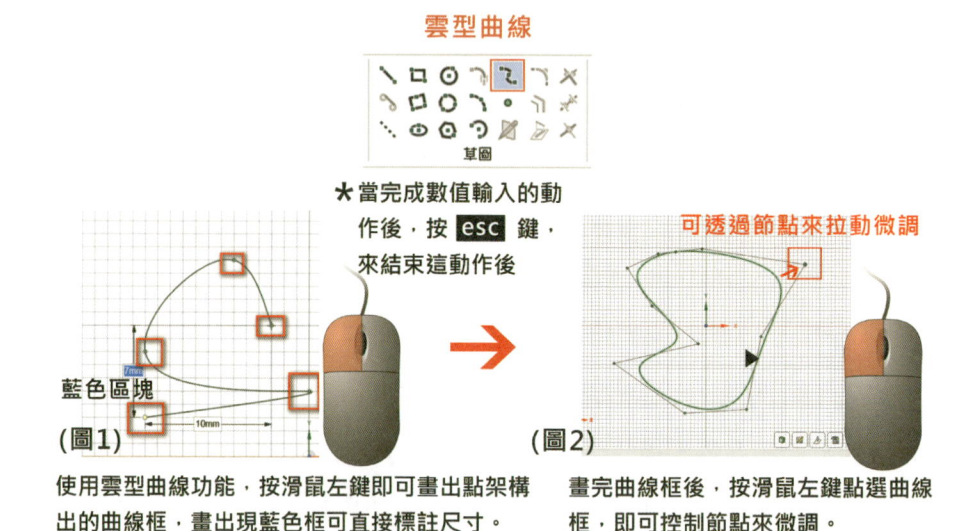

可透過節點來拉動微調

藍色區塊

(圖1) 使用雲型曲線功能，按滑鼠左鍵即可畫出點架構出的曲線框，畫出現藍色框可直接標註尺寸。

(圖2) 畫完曲線框後，按滑鼠左鍵點選曲線框，即可控制節點來微調。

（圖5-51，Design Spark 繪圖常用之工具介紹 - 草圖，陳建志整理，2015）

透過圖5-52所示，主要是介紹在基本工具列中 - 草圖內的切線及三點矩形的工具介紹，在線架構部分，主要是強調除了用線條工具來畫矩形外，也可透過不一樣的方式來快速繪製出一個矩形，以及兩點之間是否有確切接合到的相切點，如圖5-52之左圖所示。

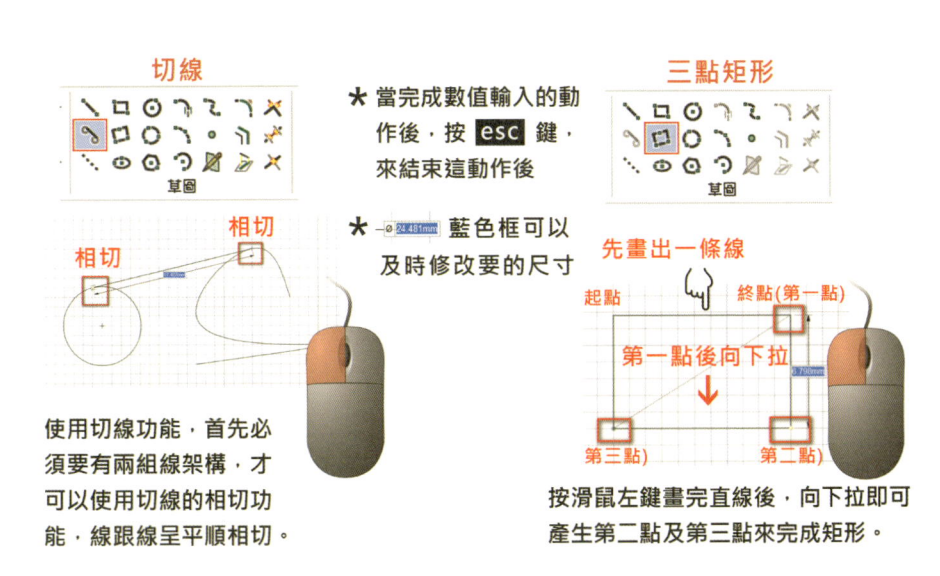

（圖5-52， Design Spark 繪圖常用之工具介紹 - 草圖，陳建志整理，2015）

透過圖5-53所示，主要是介紹在基本工具列中 - 草圖內的建構直線及橢圓的工具介紹，主要是畫出物件的基準虛線，以及透過畫出一條中心線來畫橢圓的功能，記得按 esc 鍵來完成此動作。

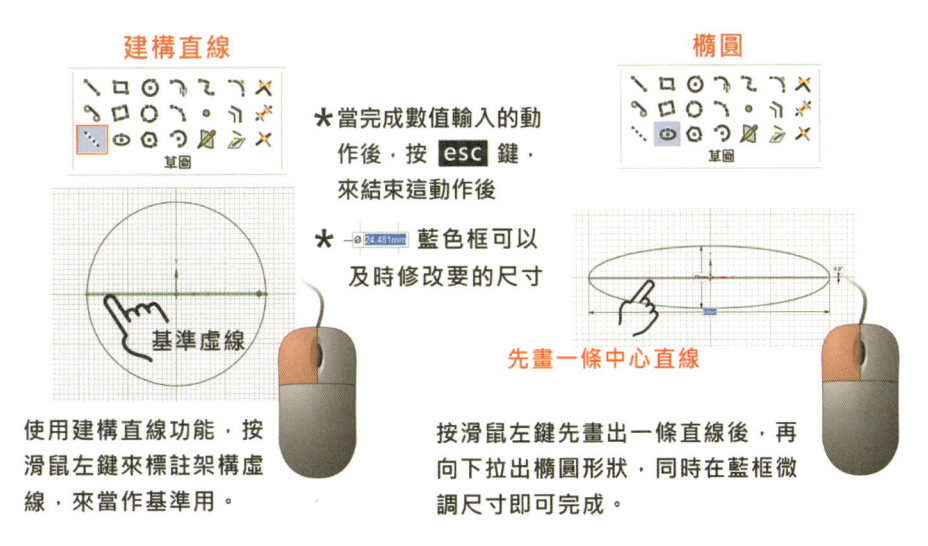

（圖5-53， Design Spark 繪圖常用之工具介紹 - 草圖，陳建志整理，2015）

5-39

創意實作 ▶ 3D 列印繪圖與操作

透過圖5-54 所示，主要是介紹在基本工具列中 - 草圖內的多邊形功能，透過滑鼠左鍵來向外拉出想要的直徑大小後，再按鍵盤上的 teb 鍵，及可微調多邊形的角度，完成動作後按 esc 鍵完成多邊形長出的動作。

多邊形

★ 當完成數值輸入的動作後，按 esc 鍵，來結束這動作後

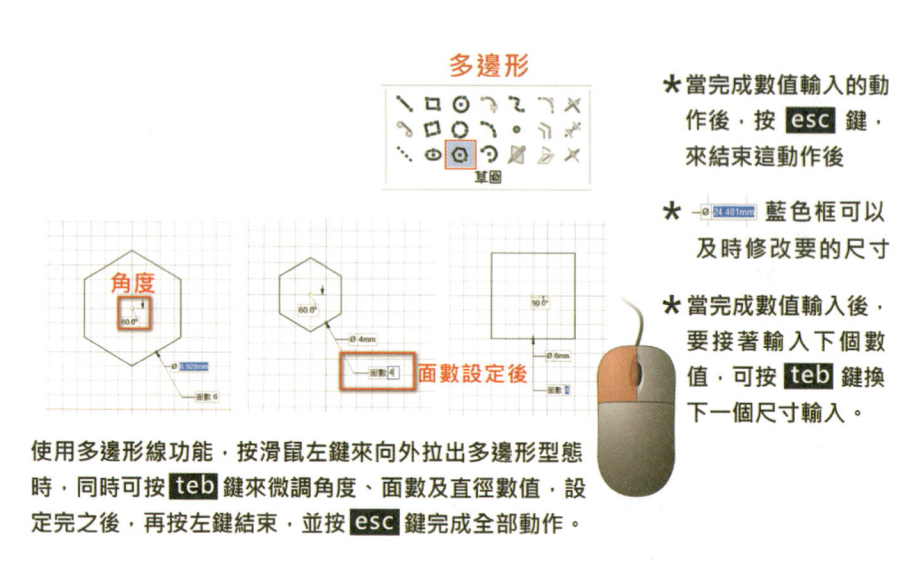

★ 藍色框可以及時修改要的尺寸

★ 當完成數值輸入後，要接著輸入下個數值，可按 teb 鍵換下一個尺寸輸入。

使用多邊形線功能，按滑鼠左鍵來向外拉出多邊形型態時，同時可按 teb 鍵來微調角度、面數及直徑數值，設定完之後，再按左鍵結束，並按 esc 鍵完成全部動作。

（圖5-54，Design Spark 繪圖常用之工具介紹 - 草圖，陳建志整理，2015）

透過圖5-55 所示，主要是介紹在基本工具列中 - 草圖內的掃移弧線工具，透過先設定中心圓點後，再設定半徑及起始點，即可依原畫出對應之弧線，並同時可以透過藍色框來設對應弧線之尺寸，完成動作後按 esc 鍵。

透過圖5-56 所示，主要是介紹在基本工具列中 - 草圖內的圖面區線工具，也就是直接可以在立體面，按滑鼠左鍵先設定好圖框後，如圖5-56 中的圖 1 跟 2，之後即可透過拉動（長出實體）的動作，如圖5-56 中的圖 3 所示，完成動作後按 esc 鍵。

掃移弧線

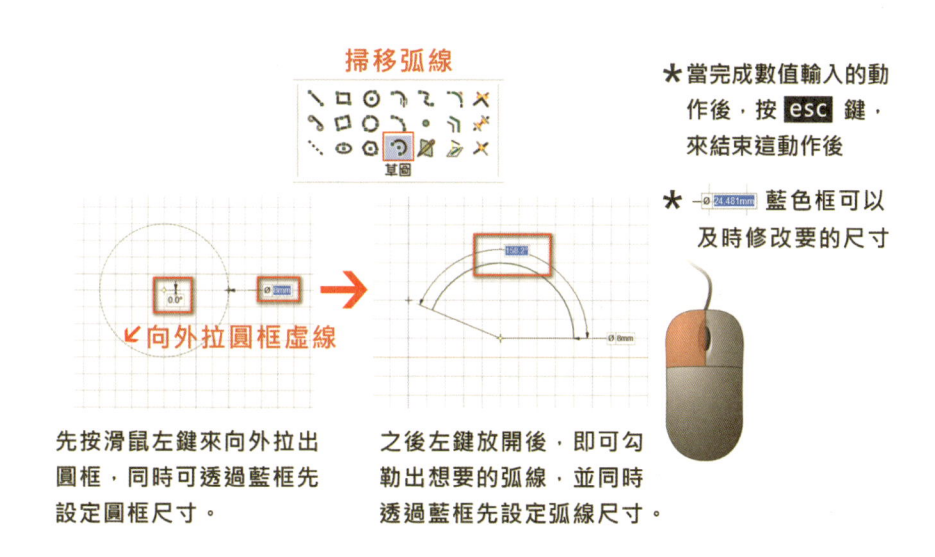

★ 當完成數值輸入的動作後，按 esc 鍵，來結束這動作後

★ 藍色框可以及時修改要的尺寸

←向外拉圓框虛線

先按滑鼠左鍵來向外拉出圓框，同時可透過藍框先設定圓框尺寸。

之後左鍵放開後，即可勾勒出想要的弧線，並同時透過藍框先設定弧線尺寸。

（圖5-55， Design Spark 繪圖常用之工具介紹 - 草圖，陳建志整理，2015）

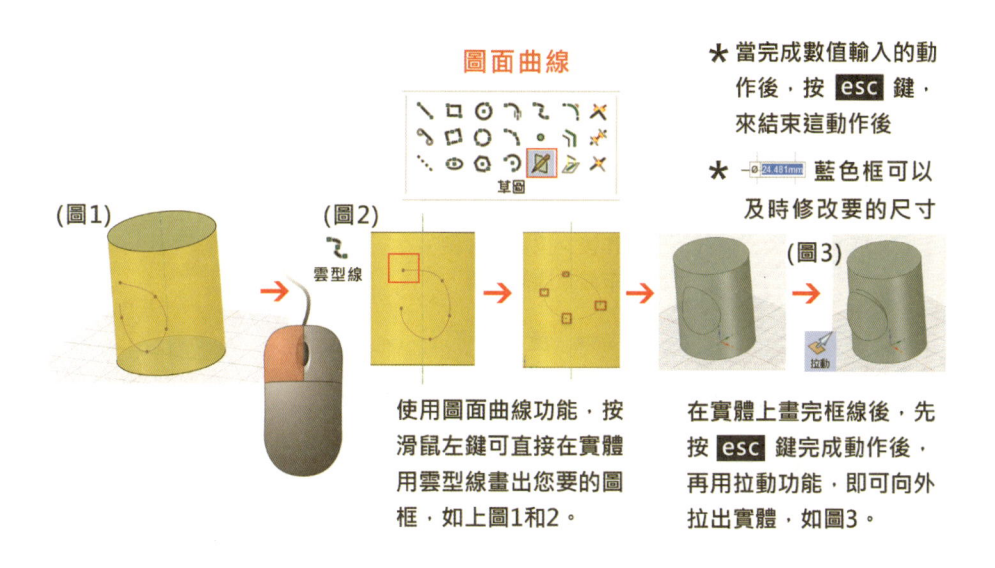

圖面曲線

★ 當完成數值輸入的動作後，按 esc 鍵，來結束這動作後

★ 藍色框可以及時修改要的尺寸

(圖1)　(圖2) 雲型線　(圖3)

使用圖面曲線功能，按滑鼠左鍵可直接在實體用雲型線畫出您要的圖框，如上圖1和2。

在實體上畫完框線後，先按 esc 鍵完成動作後，再用拉動功能，即可向外拉出實體，如圖3。

（圖5-56， Design Spark 繪圖常用之工具介紹 - 草圖，陳建志整理，2015）

5-41

創意實作 ▶ 3D 列印繪圖與操作

透過圖5-57 所示，主要是介紹在基本工具列中 - 草圖內的建立圓角及平移複製工具，主要是透過兩條線，來進行相切弧線，以及透過平移複製，按滑鼠左鍵及可複製位移曲線，完成動作後按 esc 鍵。

建立圓角

＊ 當完成數值輸入的動作後，按 esc 鍵，來結束這動作後

＊ 藍色框可以及時修改要的尺寸

按滑鼠左鍵即可

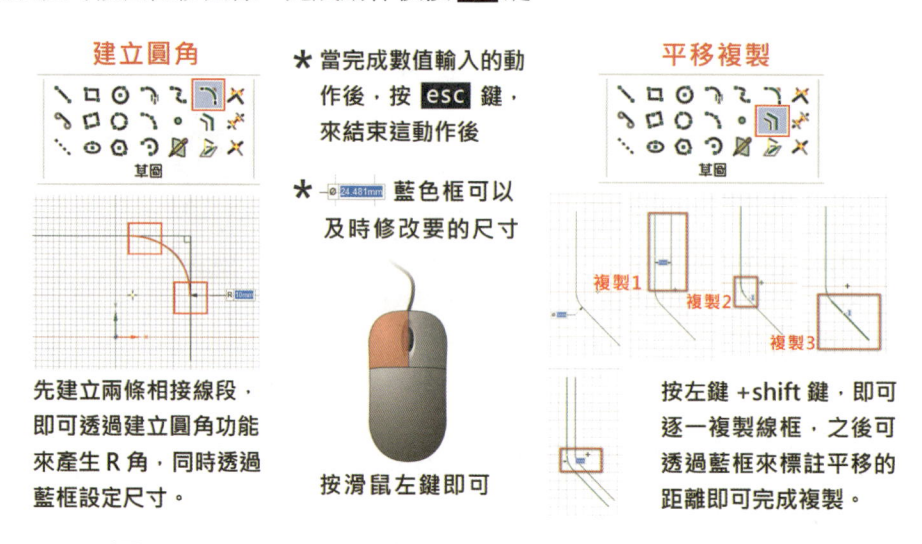

平移複製

複製1 複製2 複製3

按左鍵 +shift 鍵，即可逐一複製線框，之後可透過藍框來標註平移的距離即可完成複製。

先建立兩條相接線段，即可透過建立圓角功能來產生 R 角，同時透過藍框設定尺寸。

（圖5-57，Design Spark 繪圖常用之工具介紹 - 草圖，陳建志整理，2015）

透過上圖5-58 所示，主要是介紹在基本工具列中 - 草圖內的建立延伸線及修剪工具，主要是兩條線的相接點延伸相接，及按滑鼠左鍵來點選出想要修剪的線段，完成之後按 esc 鍵。

建立延伸線

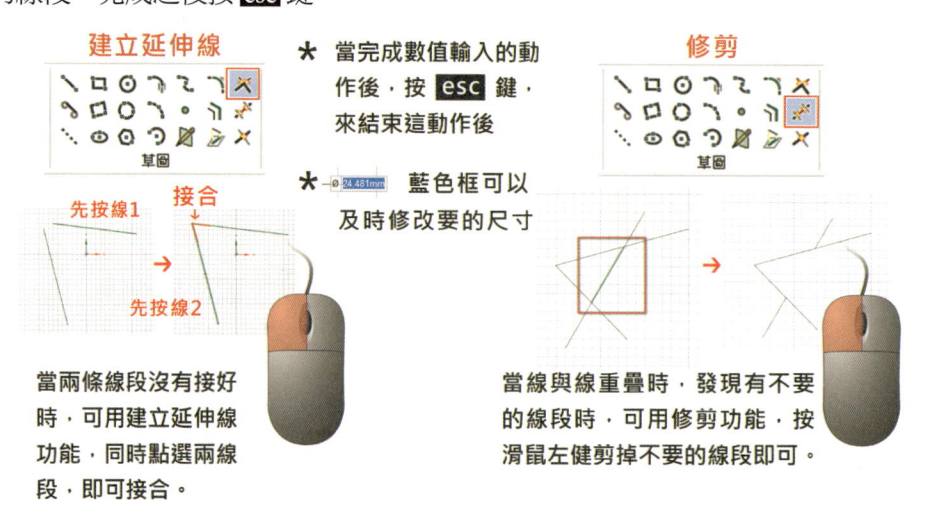

先按線1　接合
先按線2

＊ 當完成數值輸入的動作後，按 esc 鍵，來結束這動作後

＊ 藍色框可以及時修改要的尺寸

當兩條線段沒有接好時，可用建立延伸線功能，同時點選兩線段，即可接合。

修剪

當線與線重疊時，發現有不要的線段時，可用修剪功能，按滑鼠左健剪掉不要的線段即可。

（圖5-58，Design Spark 繪圖常用之工具介紹 - 草圖，陳建志整理，2015）

透過圖5-59所示，主要是介紹在基本工具列中 - 草圖內的劃分曲線工具，透過滑鼠左鍵來點選出要修剪的線段，即可修剪掉不要的線段，完成後按 esc 鍵。

劃分曲線

* 當完成數值輸入的動作後，按 esc 鍵，來結束這動作後

* 藍色框可以及時修改要的尺寸

當繪製一條曲線後，要將其中的一小段剪掉時。

按左鍵點選想要剪掉的線段的頭。

按左鍵點選想要剪掉的線段的尾，來標註出要修剪的線段。

按左鍵點選即可修剪掉不要的線段。

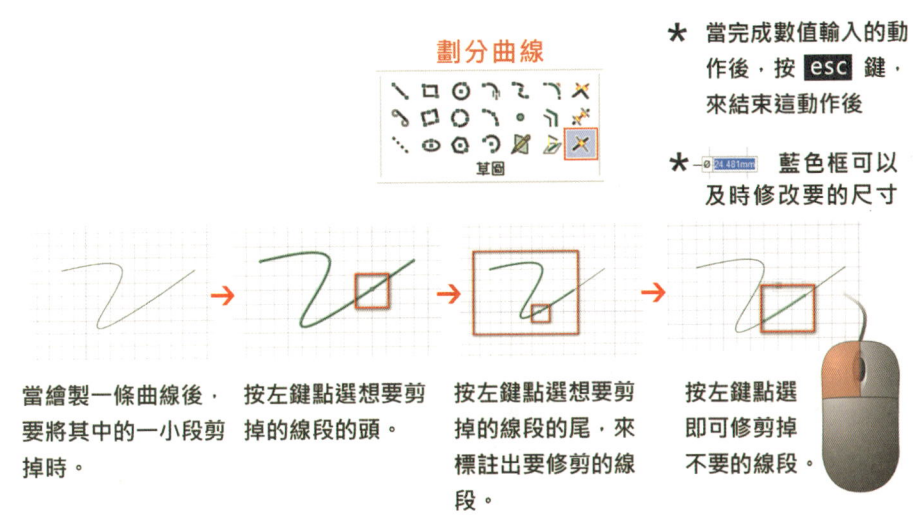

（圖5-59，Design Spark 繪圖常用之工具介紹 - 草圖，陳建志整理，2015）

透過圖5-60所示，主要是介紹在基本工具列中，第三重要的模式工作區域，主要是在說明草圖、剖面及3D模式，來隨時切換繪圖時的需求模式。

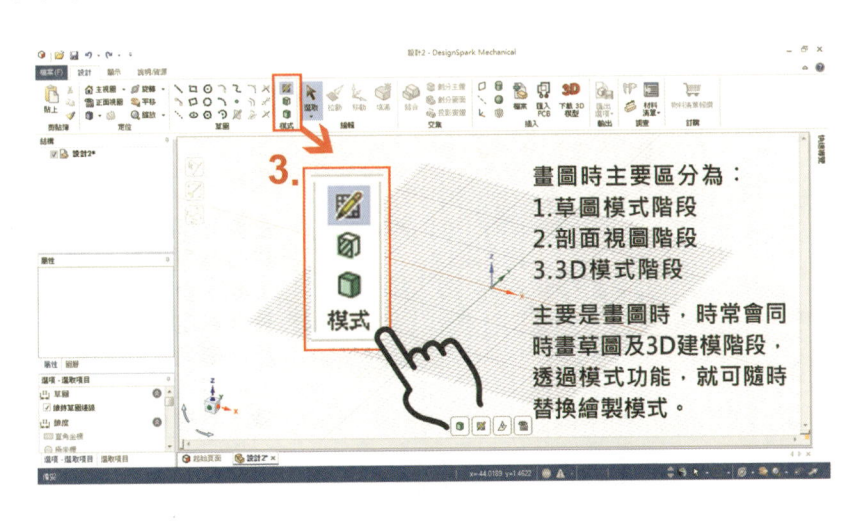

畫圖時主要區分為：
1. 草圖模式階段
2. 剖面視圖階段
3. 3D模式階段

主要是畫圖時，時常會同時畫草圖及3D建模階段，透過模式功能，就可隨時替換繪製模式。

（圖5-60，Design Spark 繪圖常用之工具介紹 - 模式，陳建志整理，2015）

5-43

創意實作 ▶ 3D 列印繪圖與操作

透過圖5-61所示，主要是介紹在基本工具列中，即以 2D 圖檔為繪製框線架構，以及透過框線架構來拉伸長出實體時常用到之工具，而剖面視圖工具，是針對需要詳細看實體內部的結構狀態時，比較會常用到的模式。

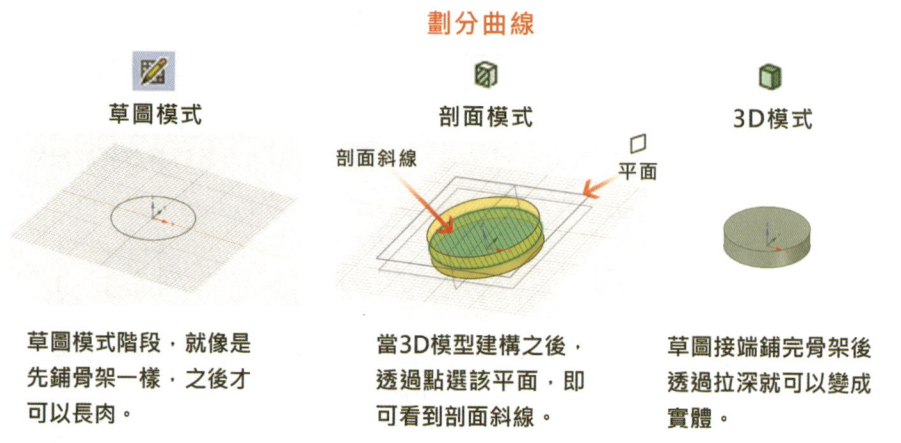

劃分曲線

草圖模式　　　　　　　剖面模式　　　　　　　3D模式

剖面斜線　　　　平面

草圖模式階段，就像是先鋪骨架一樣，之後才可以長肉。

當3D模型建構之後，透過點選該平面，即可看到剖面斜線。

草圖接端鋪完骨架後透過拉深就可以變成實體。

（圖5-61，Design Spark 繪圖常用之工具介紹 - 模式，陳建志整理，2015）

透過圖5-62，主要是介紹在基本工具列中，實體 2D 繪製及長料中，重要的編輯工具區，主要的四大工具有選取、長料（實體化）、移動（位移物件）及填滿。

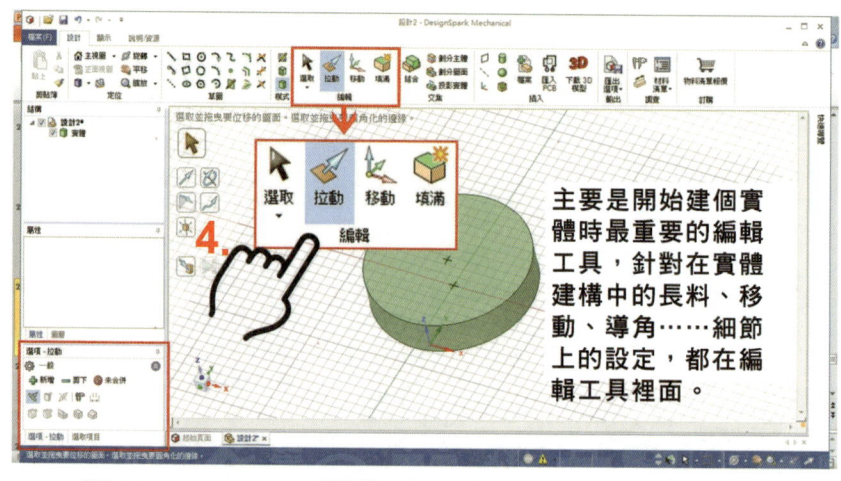

選取　拉動　移動　填滿
編輯

主要是開始建個實體時最重要的編輯工具，針對在實體建構中的長料、移動、導角……細節上的設定，都在編輯工具裡面。

（圖5-62，Design Spark 繪圖常用之工具介紹 - 編輯，陳建志整理，2015）

透過圖5-63，主要是介紹在基本工具列中編輯 - 拉動工具，要長出實體之前，必須先透過畫出框線草圖，之後再去使用拉動功能，透過上述步驟，來完成造型框線的實體長料作，也可透過藍色小框來設定該圓柱的尺寸，完成之後，要記得按 esc 來完成長料過程的動作。

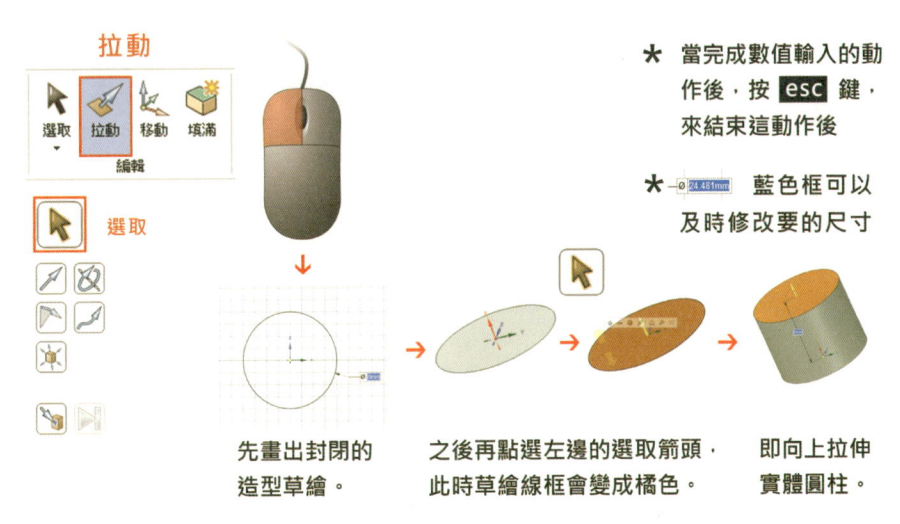

（圖5-63， Design Spark 繪圖常用之工具介紹 - 編輯，陳建志整理，2015）

透過圖5-64，主要是介紹在基本工具列中編輯 - 拔模角工具，透過此圖操作過程，主要是針對日後如有機會要開模製作時，所要考慮到的脫模動作，而因擔心在脫模時會拔不出來，所以大多會在脫模邊緣處，產生約五度左右的拔模角度，以便日後脫模時方便取出物件，對於日後開發商品模具時，是很重要的操作工具。

5-45

創意實作 ▶ 3D 列印繪圖與操作

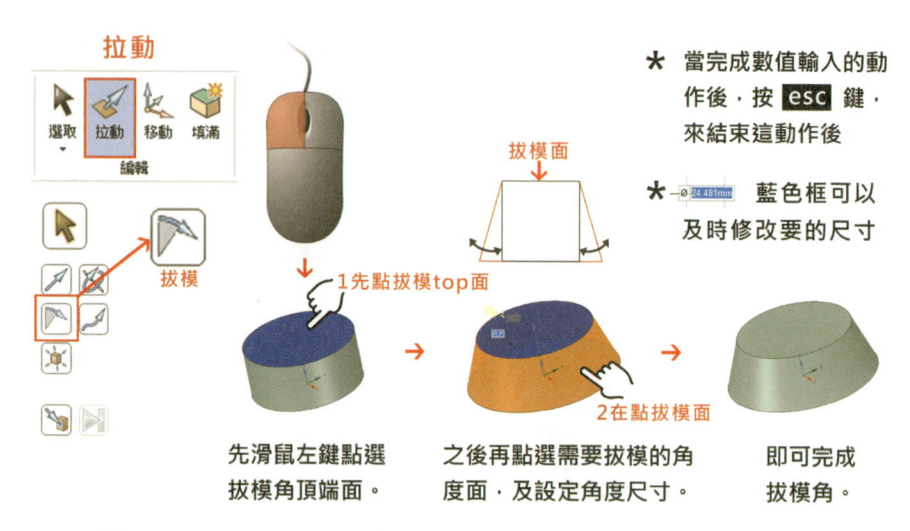

（圖5-64，Design Spark 繪圖常用之工具介紹 - 編輯，陳建志整理，2015）

透過圖5-65，主要是介紹在基本工具列中編輯 - 圓角工具，透過需要被倒圓角的邊框，向下拉伸即可產生圓角，並同時透過色框內設定想的要尺寸。

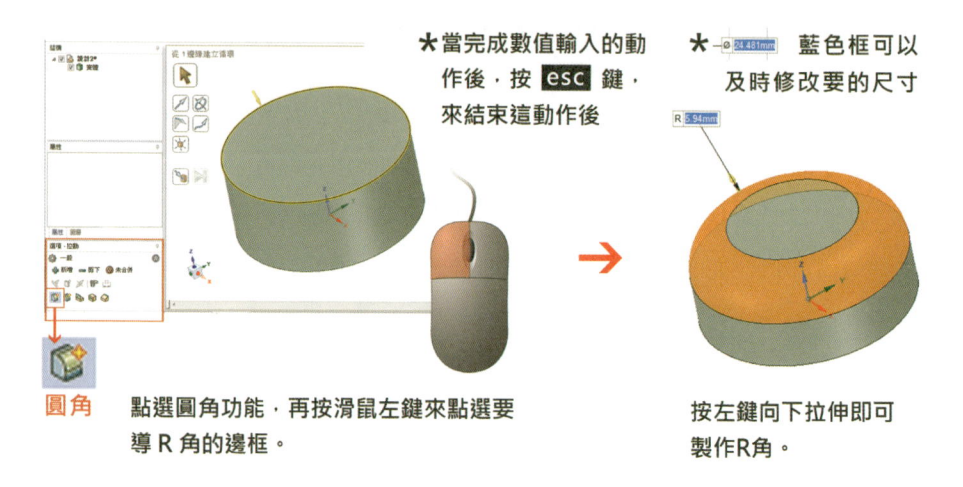

（圖5-65，Design Spark 繪圖常用之工具介紹 - 編輯，陳建志整理，2015）

5-46

透過圖5-66，主要是介紹在基本工具列中編輯 - 倒角工具，也是透過點選需要被倒角的邊框，向下拉伸即可產生倒角，並記得透過藍色色框內設定尺寸。

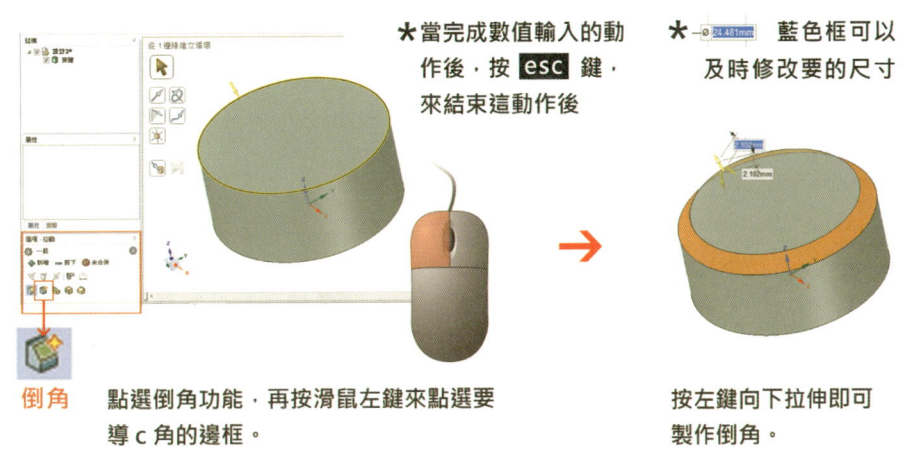

★當完成數值輸入的動作後，按 esc 鍵，來結束這動作後

★藍色框可以及時修改要的尺寸

倒角　點選倒角功能，再按滑鼠左鍵來點選要導 c 角的邊框。

按左鍵向下拉伸即可製作倒角。

（圖5-66， Design Spark 繪圖常用之工具介紹 - 編輯，陳建志整理，2015）

透過圖5-67，主要是介紹在基本工具列中編輯 - 旋轉工具，這工具在繪圖中佔有很大的功用，透過此圖操作，要先透過雲型線工具來勾勒中心線的半架構圖，點選旋轉工具後再點選中心線，按左方全拉動工具，即可 360 度旋轉。

雲型線功能：先畫架構

★當完成數值輸入的動作後，按 esc 鍵，來結束這動作後

★藍色框可以及時修改要的尺寸

中心

旋轉

中心線→　360度

全拉動旋轉

畫出封閉中心線的半架構圖框。

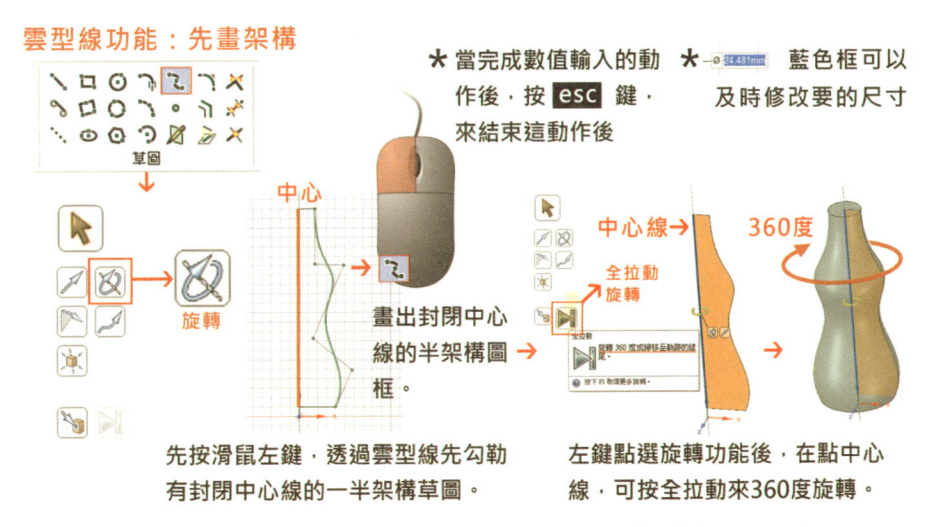

先按滑鼠左鍵，透過雲型線先勾勒有封閉中心線的一半架構草圖。

左鍵點選旋轉功能後，在點中心線，可按全拉動來360度旋轉。

（圖5-67， Design Spark 繪圖常用之工具介紹 - 編輯，陳建志整理，2015）

創意實作 ▶ 3D 列印繪圖與操作

　　透過圖5-68，主要是介紹在基本工具列中編輯 - 掃掠工具，透過此功能，可以建構區現狀的實體長出，此步驟得先建立一個底圖，再接著使用雲型線功能來畫出掃掠線路線，而後進行實體拉動裡的掃掠工具，可透過全拉動鍵，來自動完成實體掃掠動作，此功能在建構 3D 繪圖時，是非常重要的工具操作，但步驟要透過練習來熟記繪製的手感，這樣畫出的掃掠 3D 圖，就會非常的漂亮，也是挺有成就感的一個功能操作。

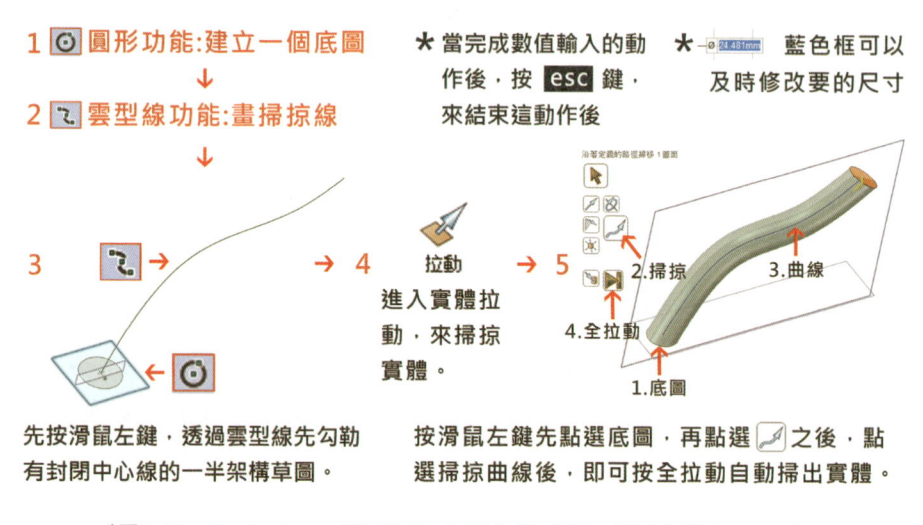

1 ⊙ 圓形功能:建立一個底圖
↓
2 ⤴ 雲型線功能:畫掃掠線
↓
3 ⤴ → 4 拉動 進入實體拉動，來掃掠實體。 → 5

★ 當完成數值輸入的動作後，按 esc 鍵，來結束這動作後

★ 藍色框可以及時修改要的尺寸

先按滑鼠左鍵，透過雲型線先勾勒有封閉中心線的一半架構草圖。

按滑鼠左鍵先點選底圖，再點選 ⤴ 之後，點選掃掠曲線後，即可按全拉動自動掃出實體。

（圖5-68，Design Spark 繪圖常用之工具介紹 - 編輯，陳建志整理，2015）

　　透過圖5-69 及 70，主要是介紹在基本工具列中編輯 - 陣列工具，透過此功能即可在圓柱上進行大量的陣列矩形，可以節省很多繪製時間，但操作步驟較多，透過此兩圖操作模式，需要多加的透過練習來習慣這些工具操作。

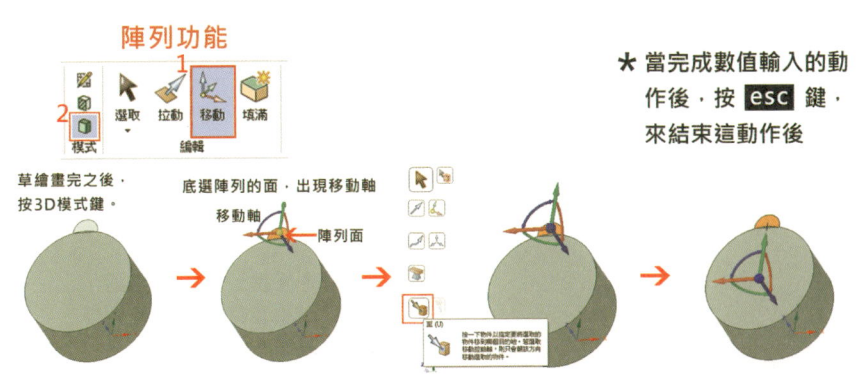

陣列功能

* 當完成數值輸入的動作後，按 esc 鍵，來結束這動作後

草繪畫完之後，按3D模式鍵。

底選陣列的面，出現移動軸
移動軸
陣列面

出現移動軸之後，按至 功能移動軸移動至實體中心，如上圖。

草繪畫完後，先點選移動功能後，再按 3D 模式，點選要陣列的面，之後會出現該陣列面的移動軸。

（圖5-69， Design Spark 繪圖常用之工具介紹 - 編輯，陳建志整理，2015）

陣列功能

* 當完成數值輸入的動作後，按 esc 鍵，來結束這動作後

2 點選陣列面
複製陣列
4 角度設定
3 點選轉箭頭
移動軸

陣列角度
移動軸
陣列一圈
陣列數量

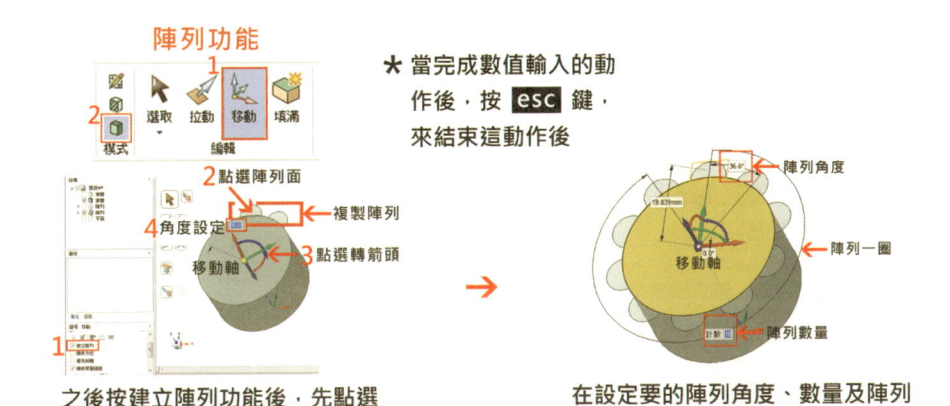

之後按建立陣列功能後，先點選該陣列面，再點選中心軸的旋轉箭頭，即可設定角度旋轉陣列。

在設定要的陣列角度、數量及陣列一圈360度，即可完成。

（圖5-70， Design Spark 繪圖常用之工具介紹 - 編輯，陳建志整理，2015）

創意實作 ▶ 3D 列印繪圖與操作

　　透過圖5-71，主要是介紹在基本工具列中，實體 2D 繪製及長料完成之後，最後一個步驟，就是要進行薄殼的收尾動作，如圖5-71 所示。

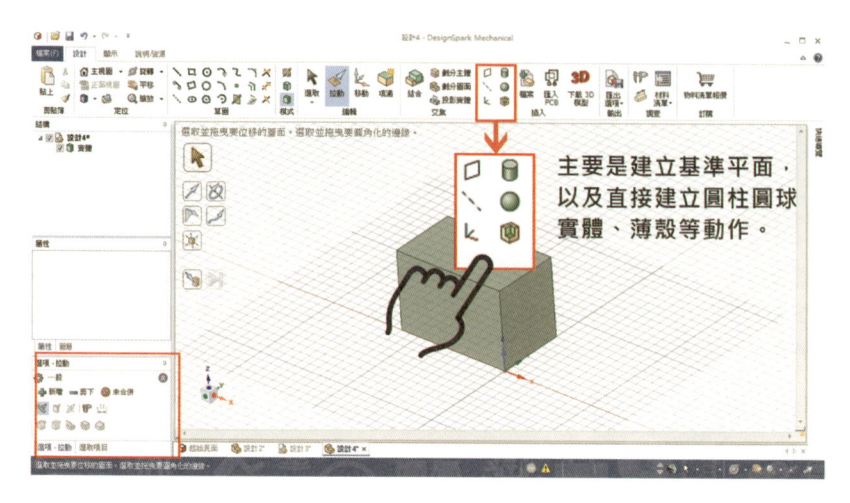

主要是建立基準平面，以及直接建立圓柱圓球實體、薄殼等動作。

（圖5-71，Design Spark 繪圖常用之工具介紹 - 薄殼動作，陳建志整理，2015）

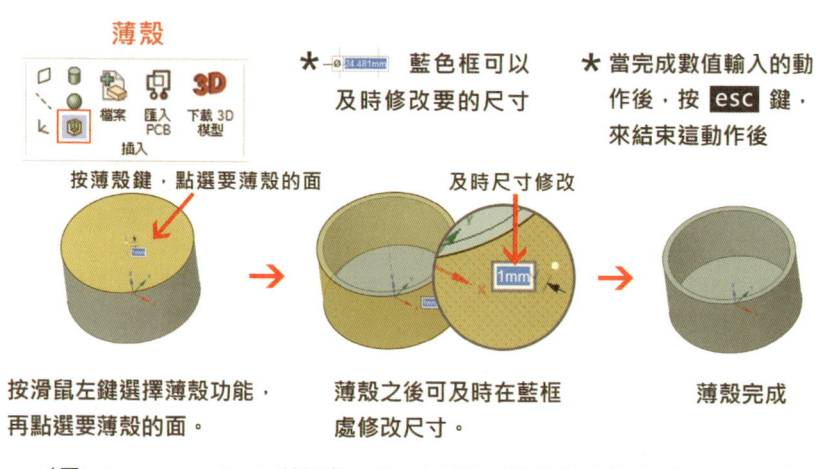

薄殼

★ 藍色框可以及時修改要的尺寸

★ 當完成數值輸入的動作後，按 esc 鍵，來結束這動作後

按薄殼鍵，點選要薄殼的面

及時尺寸修改

按滑鼠左鍵選擇薄殼功能，再點選要薄殼的面。

薄殼之後可及時在藍框處修改尺寸。

薄殼完成

（圖5-72，Design Spark 繪圖常用之工具介紹 - 薄殼動作，陳建志整理，2015）

5-50

(二) 案例操作──鑰匙圈機械人設計

透過圖5-73所示，以及我們在前一單元所學過的 Design Spark 繪圖軟體之工具之後，這單元我們利用所學到的常用工具，然後再依據案例，來自己設計一個屬於自己的扭蛋機械人鑰匙圈，讓我們透過 3D 列印出來的成品，再加上扭蛋殼件，讓簡單的 3D 成品也能走出屬於自己的小商機，來提高其附加價值。在畫圖的開始，我們先要建立一個空白的設計畫面，藉由設計畫面來進行我們的機械人繪製，如圖5-74、圖5-75案例所示。

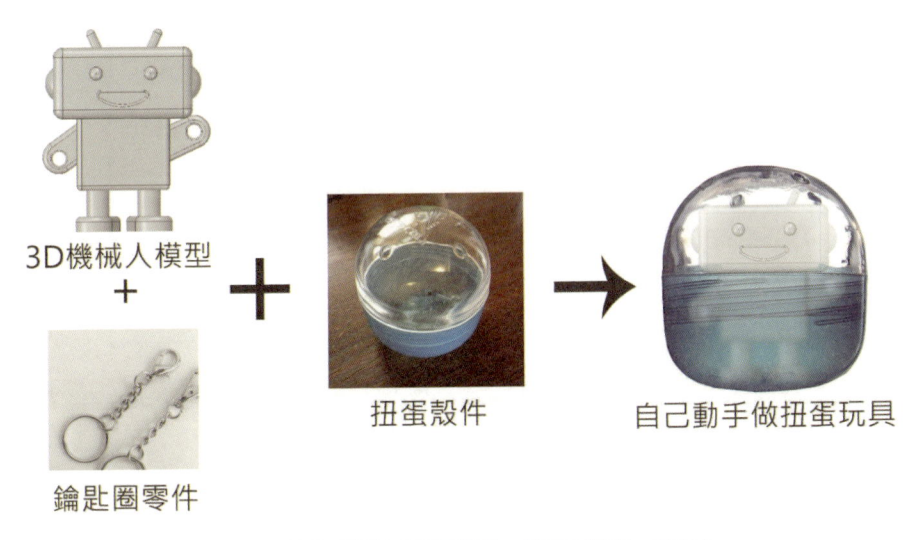

（圖5-73，鑰匙圈機械人扭蛋設計，陳建志整理，2016）

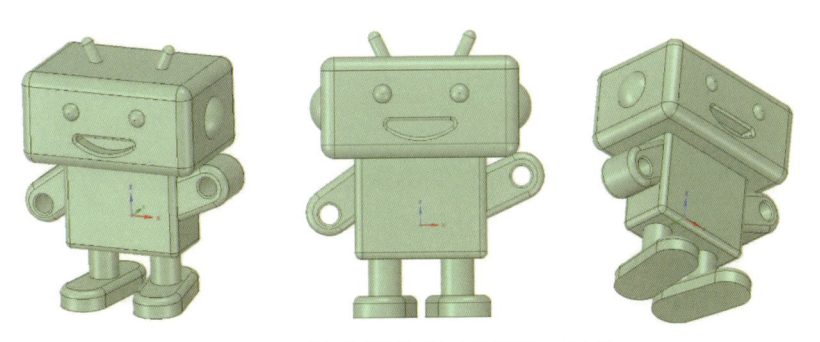

（圖5-74，機械人模型，陳建志整理，2016）

創意實作 ▶ 3D 列印繪圖與操作

透過圖5-75所示，首先，我們要建立一個高六公分、寬六公分的機械人，目的是要放在扭蛋殼件裡面，所以一開始，我們先建立一個機械人的頭，先用草圖模式設定好長寬之後完成框型，之後再透過拉伸功能。長出實體之前，要先將頭的部分鎖定分類，如圖5-76所示，才算完成機械人頭部矩形。

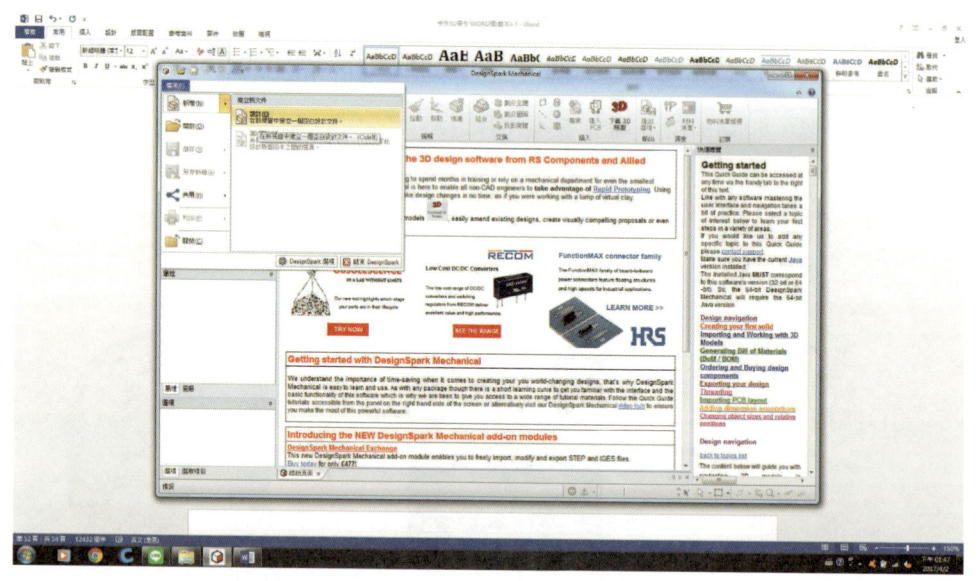

（圖5-75，建立空白的設計畫面，陳建志整理，2016）

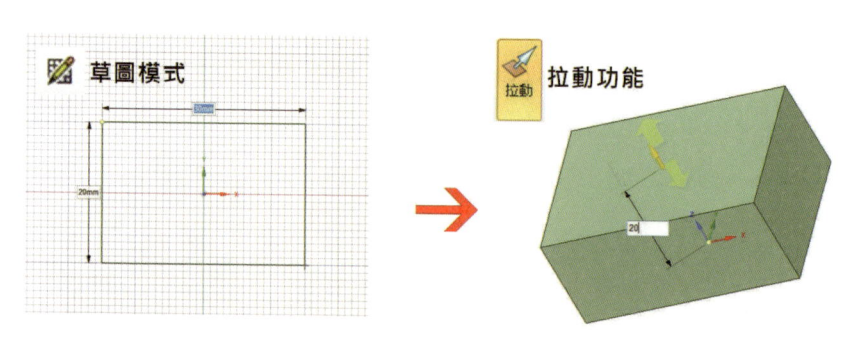

草圖模式

在草圖模式，建立一個長30×寬20mm的矩形框。

拉動功能

之後再透過拉工具，向上拉伸出20mm的高度，來長出實體。

（圖5-76，建立機械人頭部，陳建志整理，2016）

5-52

建立完頭部實體後，之後我們就可以繪製一個身體，透過草圖模式在頭的下端部分先繪製出身體的框型，長寬設定為 16 mm 及 12 mm 之後，即可透過拉伸的工具，來將身體拉出 11 mm 的高度，再將身體部分鎖定分類，如圖5-77所示。

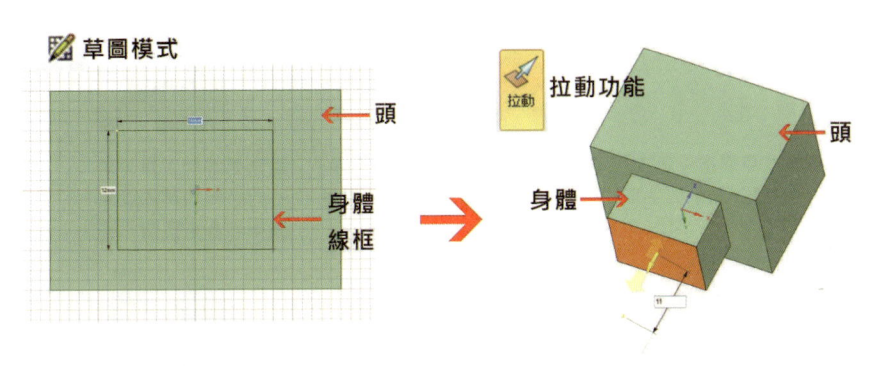

在草圖模式裡頭的下方，建立一個長16mm × 寬12mm的身體矩形框。

之後再透過拉伸工具，向上拉伸出11mm的高度，來長出機械人的身體。

（圖5-77，建立機械人身體，陳建志整理，2016）

上述所介紹的頭跟身體的部分，都是要分別用鎖定分類，這樣繪製出的機械人，頭跟身體才會是獨立的個體，這部分要請大家多加注意。完成頭部跟身體之後，接下來我們要繪製機械人雙手部分，由於機械人的其中一隻手，會裝上鑰匙環零件，所以手的位置，都要缺口，以便之後方便穿鑰匙圈上去。一開始我們還是先用草繪模式來進行手的輪廓線繪製，之後再進行實體拉伸動作，基本上都是先透過草繪模式，再進行實體以拉伸，如圖5-78 操作所示，簡單的幾個步驟，就差不多完成機械的主要部分了。

大致上完成機械人的頭跟身體及手部,如圖5-78,剩下腳的部分,如圖5-79,也是先透過草圖繪製模式,之後進入拉伸動作長出腳的實體。

草圖模式
在草圖模式身體邊,建立一個長16mm×寬6mm的手部矩形框。

拉動功能
之後再透過拉伸工具,向後拉伸出6mm厚度。

移動功能
再透過移動工具,來進行手部角度的旋轉,讓手看起來更自然些。

移動功能
再透過移動工具,來讓手部移動至身體側邊中心。

再透過倒R角工具,將手部尾端倒3mm的R角。

再將手部進行複製。

(圖5-78,建立機械人雙手部分,陳建志整理,2016)

草圖模式
在草圖模式,建立一個直徑3mm的圓圈。

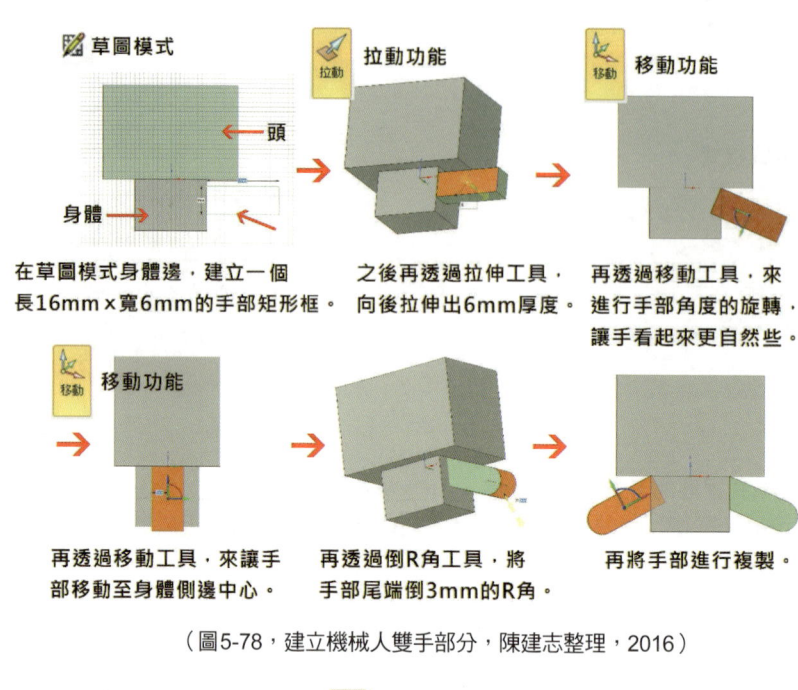

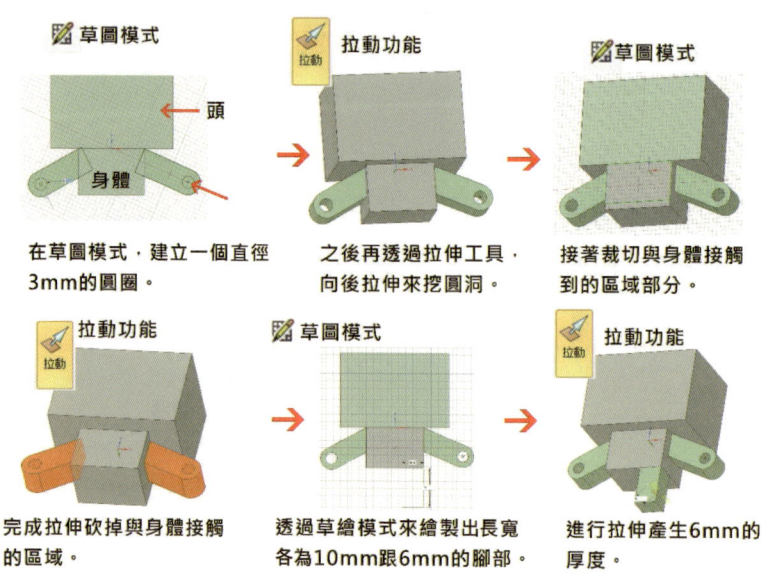

拉動功能
之後再透過拉伸工具,向後拉伸來挖圓洞。

草圖模式
接著裁切與身體接觸到的區域部分。

拉動功能
完成拉伸砍掉與身體接觸的區域。

草圖模式
透過草繪模式來繪製出長寬各為10mm跟6mm的腳部。

拉動功能
進行拉伸產生6mm的厚度。

(圖5-79,建立機械人雙腳部分,陳建志整理,2016)

腳的實體長出之後，即可進行複製第二隻腳，完成腳的部分之後，再來繪製腳掌的部分，都是先草圖繪製，再拉伸長料及實體移動，最後進行複製，完成兩隻腳掌後，即可進行倒 R 角的動作，如圖 5-80 所示。

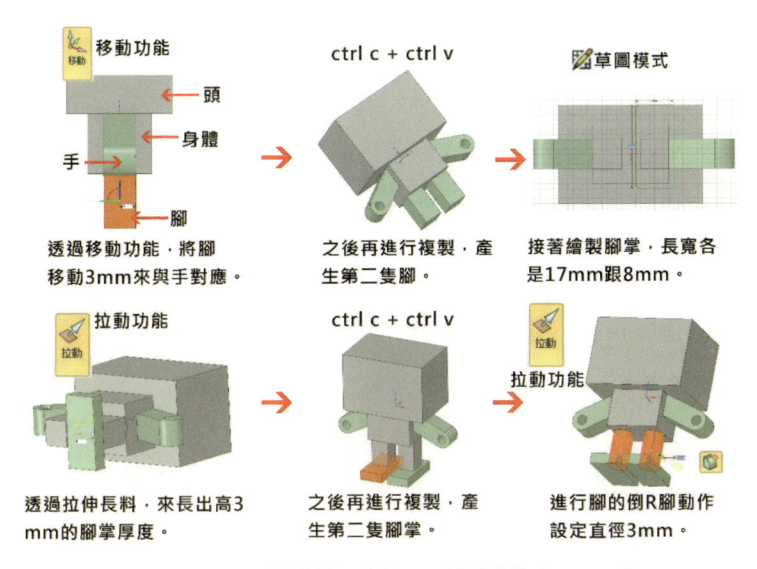

（圖 5-80，建立機械人雙腳掌部分，陳建志整理，2016）

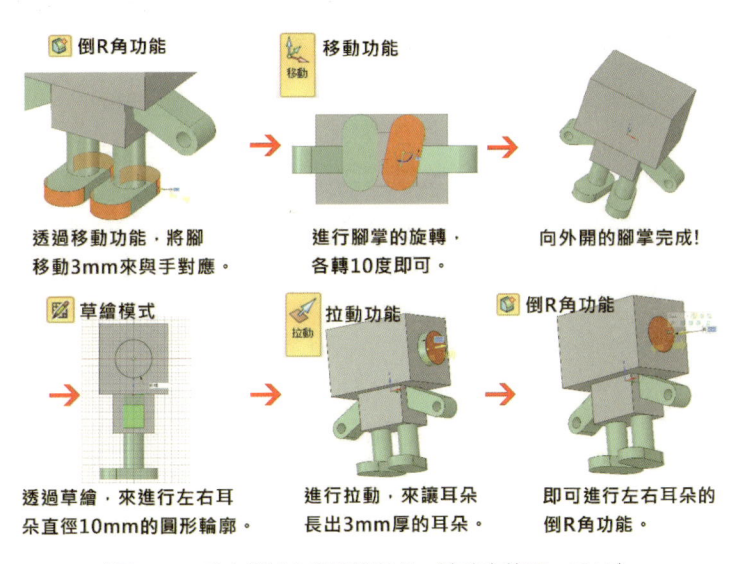

（圖 5-81，建立機械人雙腳掌部分，陳建志整理，2016）

5-55

圖5-81所示，慢慢的進行腳掌倒R角及繪製機械人的耳朵及倒R角，所設計的機械人的身體部分，也大致完成得差不多，剩下就是將機械人身上的細節進行處理即可，如圖5-82開始進行機械人五官的繪製設計。

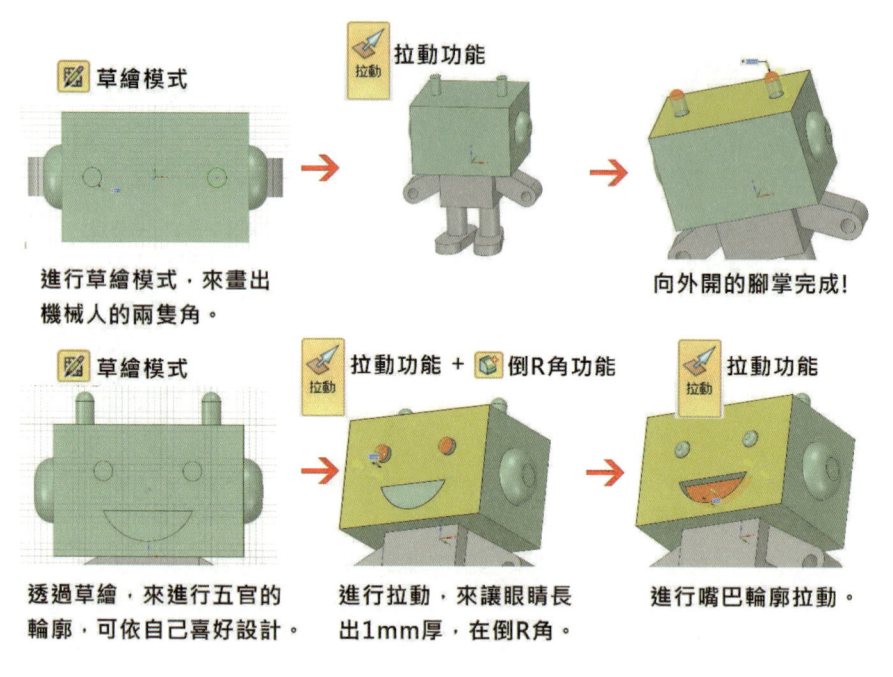

（圖5-82，建立機械人五官設計部分，陳建志整理，2016）

透過圖5-83所示，利用常用軟體的簡單操作，做出一隻可愛的機械人鑰匙圈公仔設計，且大小控制在剛好可以放進扭蛋殼理，如圖5-84所示。

拉動功能 → 倒R角功能

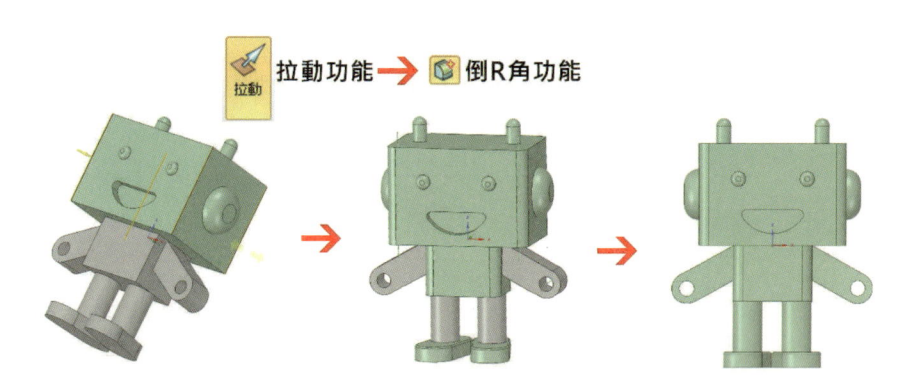

透過倒R角功能，可以慢慢的處理細節的處理，例如倒邊的R角等，依自己喜好進行設計。

機械人造型，大致完成！

（圖5-83，機械人部分完成，陳建志整理，2016）

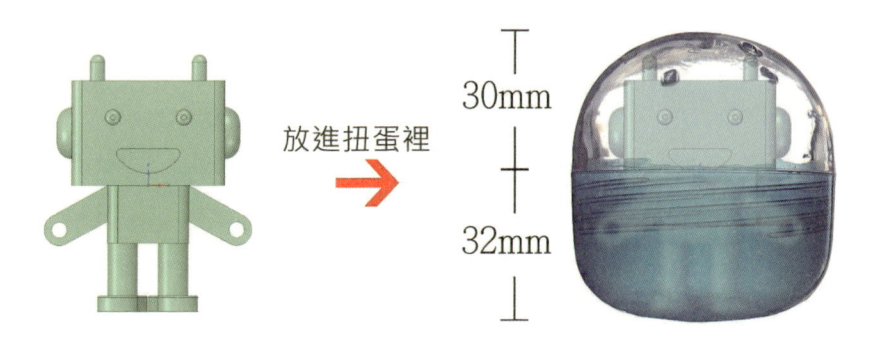

放進扭蛋裡

30mm
32mm

（圖5-84，機械人 + 扭蛋殼，陳建志整理，2016）

　　接下來最重要的最後一個步驟就是要將機械人的各零組件（頭、身體、手、腳）固定在一起，也就是頭跟身體要接在一起，必須繪製出一凹一凸的固定柱才能分別將列印出來的頭和身體，及時固定，透過這樣的組件方式，會讓 3D 實體模型，會有更高的細緻度，透過實際分件的簡單練習，也對於日後更複雜的分件及組裝原理，有更多的實戰經驗，可透過圖5-85 所示。

5-57

創意實作 ▶ 3D 列印繪圖與操作

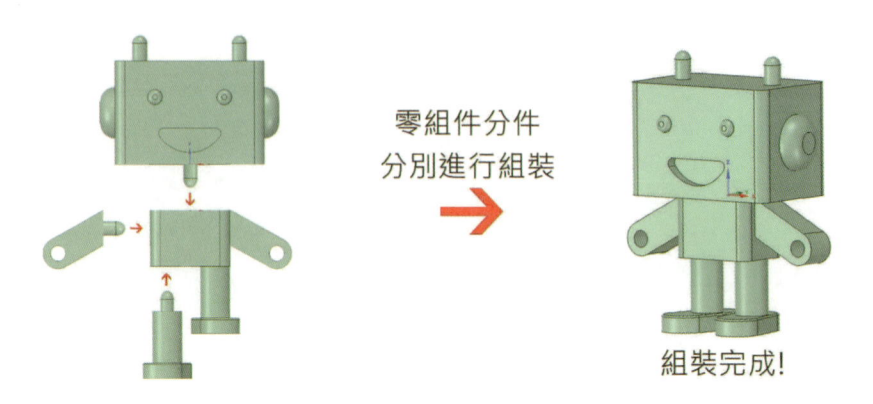

（圖5-85，零組件分件組裝，陳建志整理，2016）

依圖5-86所示，來產生雙手的固定點圓柱及凹槽，以方便組裝跟轉動。

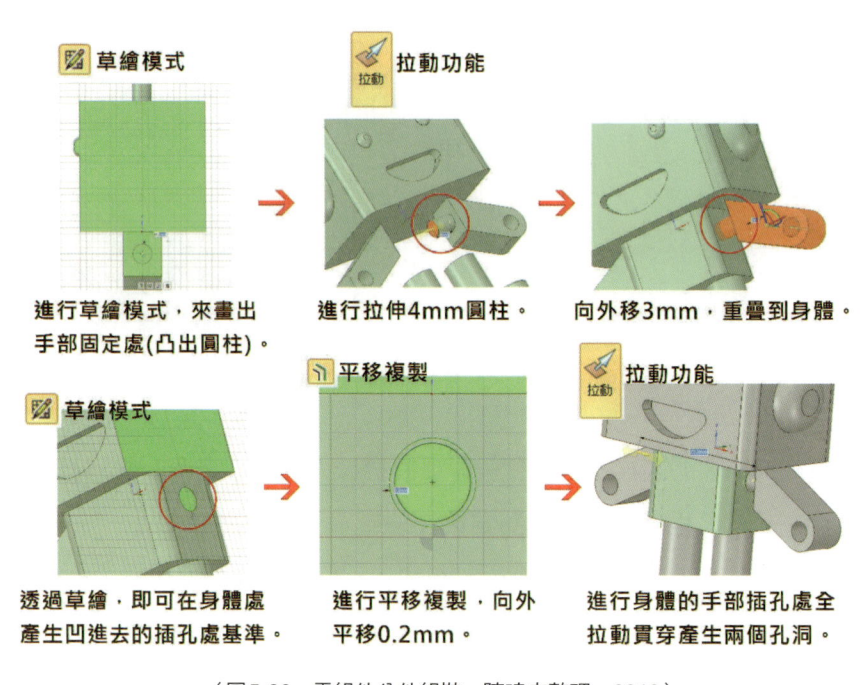

進行草繪模式，來畫出手部固定處(凸出圓柱)。

進行拉伸4mm圓柱。

向外移3mm，重疊到身體。

透過草繪，即可在身體處產生凹進去的插孔處基準。

進行平移複製，向外平移0.2mm。

進行身體的手部插孔處全拉動貫穿產生兩個孔洞。

（圖5-86，零組件分件組裝，陳建志整理，2016）

ctrl c + ctrl v 複製　　拉動功能

透過複製，來長出第二隻手。

身體進行拉伸4mm圓柱，當頭部支撐。

向內移2mm，跟身體作重疊，產生基準區。

透過草繪，即可在身體處產生凹進去的插孔處基準。

進行平移複製，向外平移0.2mm。

進行身體的手插孔處拉動約4.2mm的固定孔。

（圖5-87，零組件分件組裝，陳建志整理，2016）

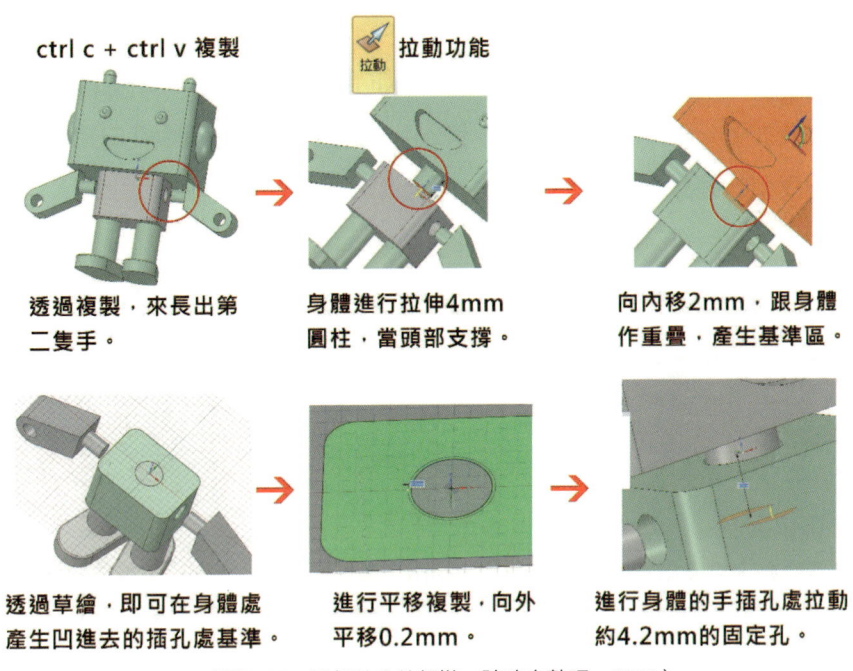

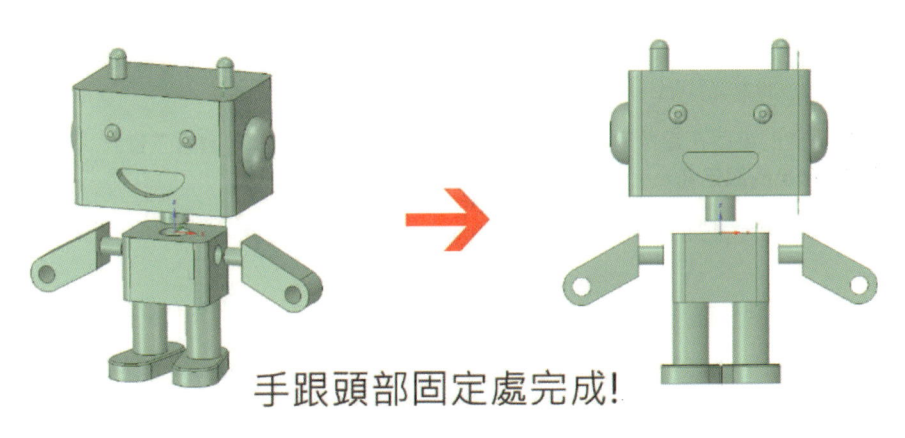

手跟頭部固定處完成！

（圖5-88，零組件分件組裝-頭跟手部，陳建志整理，2016）

5-59

創意實作 ▶ 3D 列印繪圖與操作

　　透過圖5-89所示，主要是將腳的部分來與身體作固定圓柱的加工，跟上述所提的身體與手部及頭部的固定方式是一樣的，大致上機械人的組裝也差不多完成，之後即可分別存檔，各零組件皆要存成 STL 檔，才可轉到 CURA 切片軟體來進行模型的列印。

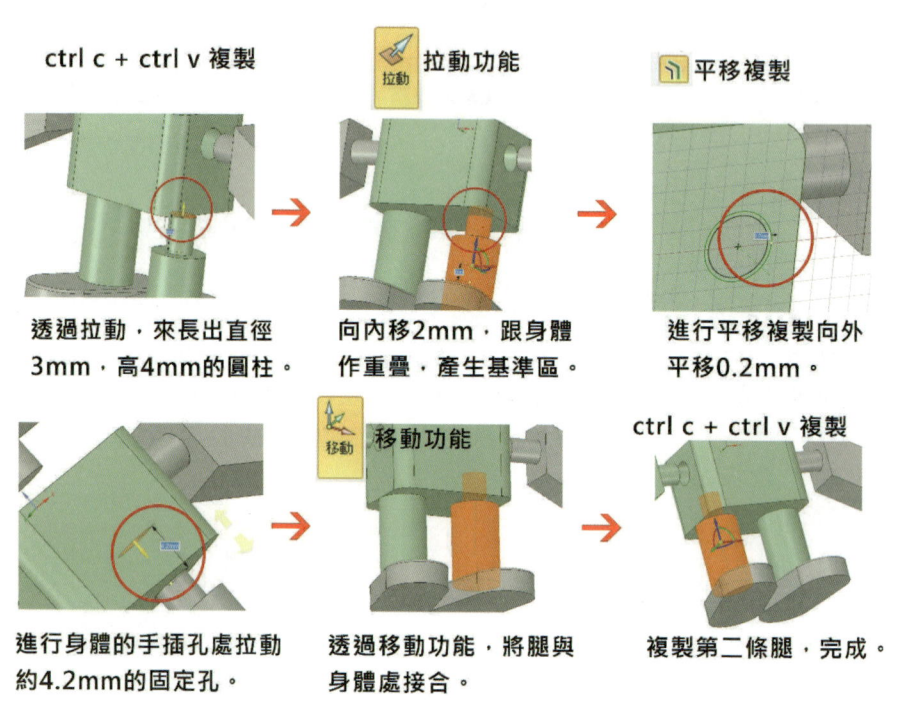

ctrl c + ctrl v 複製 → **拉動功能（拉動）** → **平移複製**

透過拉動，來長出直徑3mm，高4mm的圓柱。 → 向內移2mm，跟身體作重疊，產生基準區。 → 進行平移複製向外平移0.2mm。

→ **移動功能（移動）** → **ctrl c + ctrl v 複製**

進行身體的手插孔處拉動約4.2mm的固定孔。 → 透過移動功能，將腿與身體處接合。 → 複製第二條腿，完成。

（圖5-89，零組件分件組裝 - 身體與腳部，陳建志整理，2016）

　　機械人的所有零組件完成之後如圖5-90所示，透過圖5-91所示，最後的一個細節的處理，就是頭手腳關節處的固定圓柱，要進行倒角的工作，原因是到時候組裝時，倒過角的圓柱邊緣，會比較好插進身體零件當中，所以倒角的工作，不能不去執行喔，執行完成圓柱倒角，這樣才算完成機械人的列印前工作。

組裝完成!

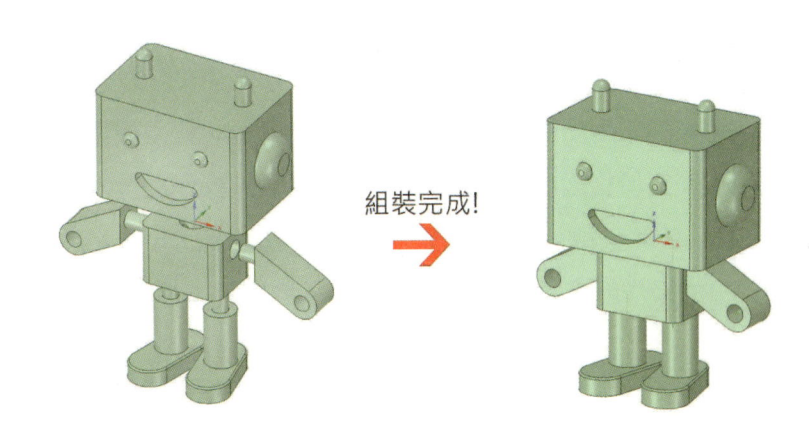

（圖5-90，零組件分件組裝 - 全身，陳建志整理，2016）

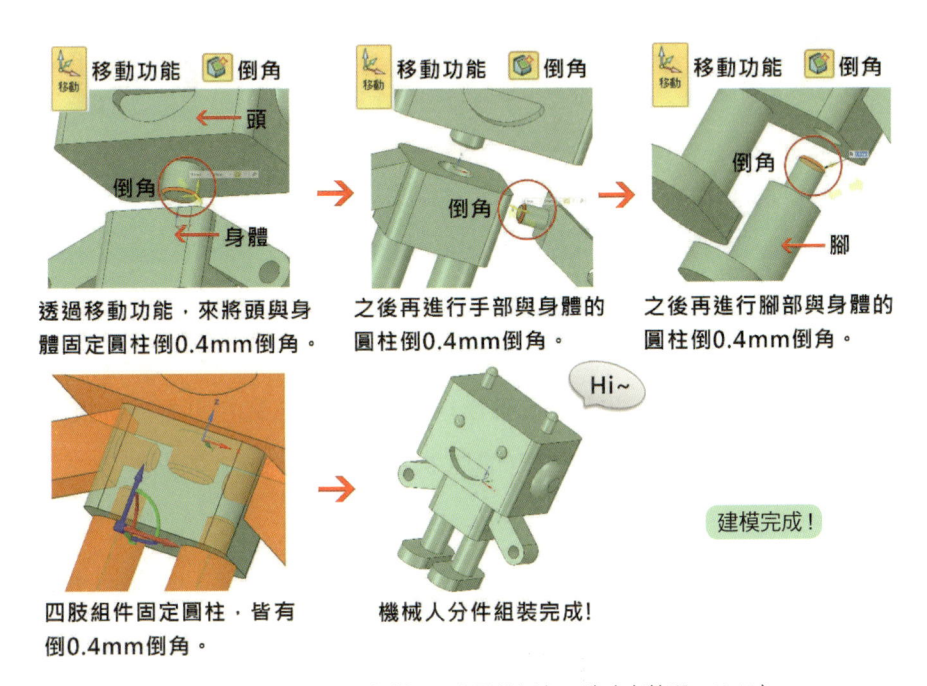

透過移動功能，來將頭與身體固定圓柱倒0.4mm倒角。

之後再進行手部與身體的圓柱倒0.4mm倒角。

之後再進行腳部與身體的圓柱倒0.4mm倒角。

四肢組件固定圓柱，皆有倒0.4mm倒角。

機械人分件組裝完成!

Hi~

建模完成!

（圖5-91，零組件分件組裝 - 固定圓柱倒角，陳建志整理，2016）

5-61

創意實作 ▶ 3D 列印繪圖與操作

三、CURA 切片軟體示範介紹

透過上個單元的常用功能介紹，以及透過實際案例－扭蛋機器人鑰匙圈設計之後，相信大家對於從設計到 3D 繪圖常用之工具列操作之後，而產出最後的設計 3D 圖實品，並且轉存成 STL 檔，第二階段就是要開始進入到 CURA 切片軟體，這部分的操作就是要進行到 3D 列印機的列印製作，如圖 5-92 所示。

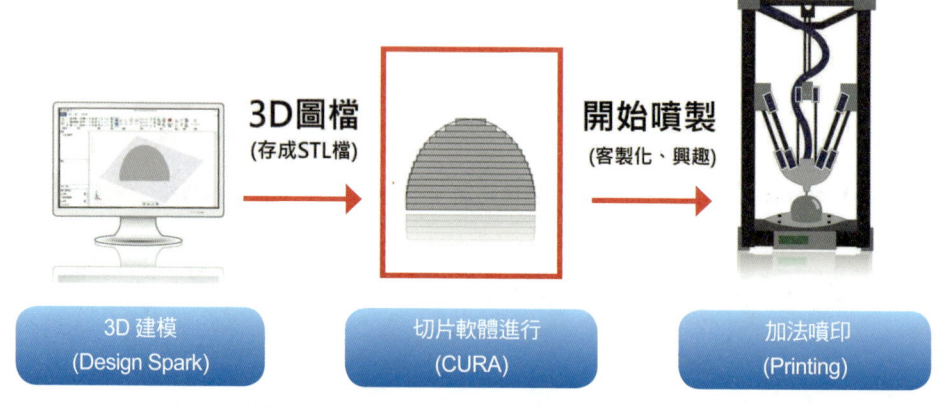

（圖 5-92，列印成型過程 -2，陳建志整理，2016）

首先，先在 google 搜尋 CURA 軟體，點選進去之後，會出現 CURA 軟體的視窗，此時點選索取資訊的軟體部分，在進入網頁後點選紅框內的按鈕──View all versions（查看所有版本），如圖 5-93 所示，先完成上述動作。

（圖 5-93，CURA 軟體下載，陳建志整理，2016）

5-62

上述動作完成之後，下載第 15.04.5 版，下載完畢後，在下載的地方打開檔案，如圖5-94 所示。

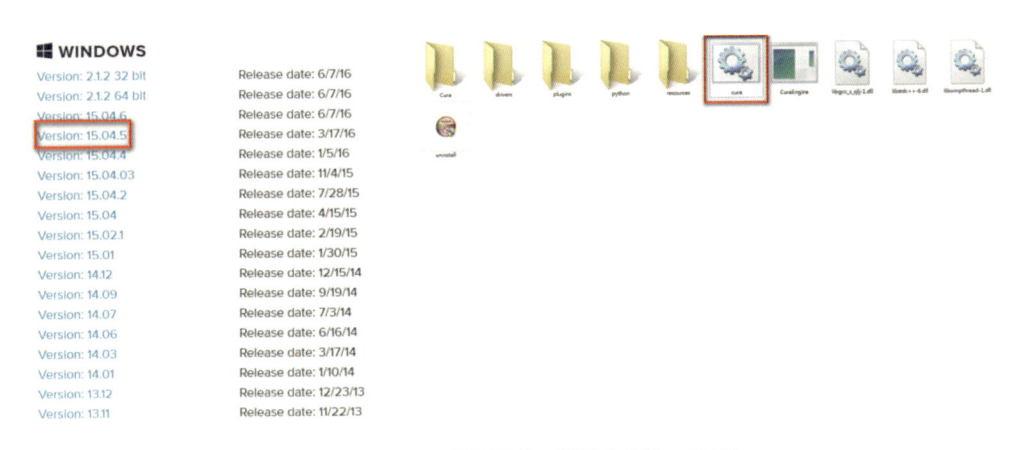

（圖5-94，CURA 軟體下載，陳建志整理，2016）

　　打開後選擇儲存路徑後按下一步選取 CURA 所能讀取的檔案格式，盡量全部勾選會比較好，勾選完後按下一步，如圖5-95 所示。

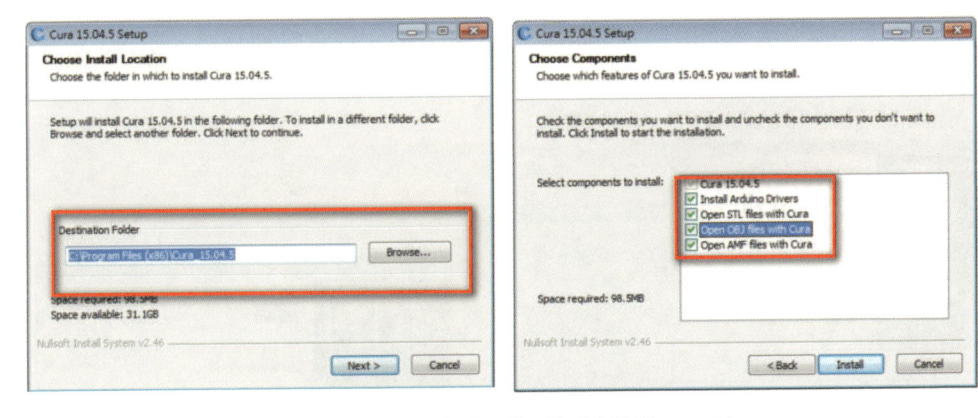

（圖5-95，CURA 軟體下載，陳建志整理，2016）

5-63

此時就開始安裝，安裝過程中，如果有詢問是否安裝，選擇不要安裝，如圖5-96所示。

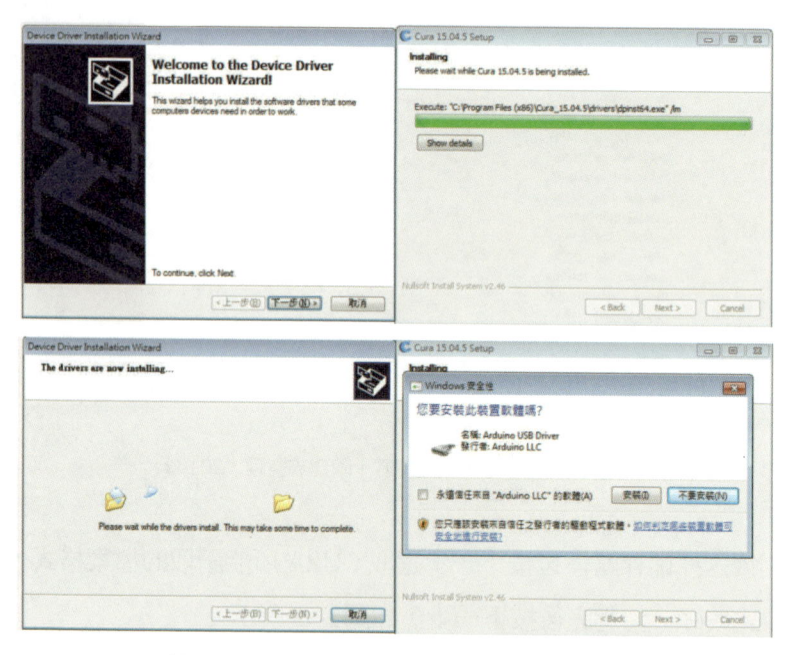

（圖5-96，CURA 軟體下載，陳建志整理，2016）

安裝完成後按下完成鍵，此時，按下完成後軟體會自動執行，如圖5-97所示。

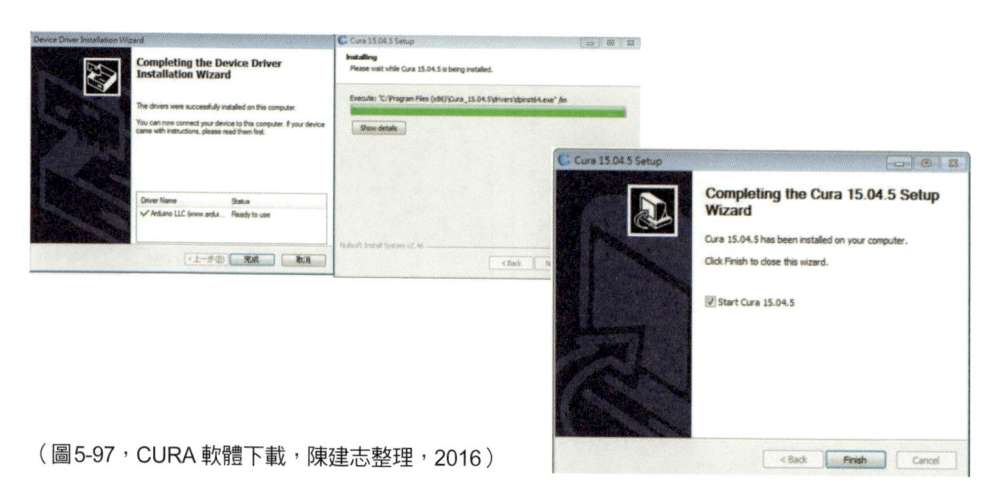

（圖5-97，CURA 軟體下載，陳建志整理，2016）

至於軟體版本，我們選用英文版，因為官方所提供的軟體沒有中文版本，之後，選擇（其他 -other）類別，如圖5-98 所示。

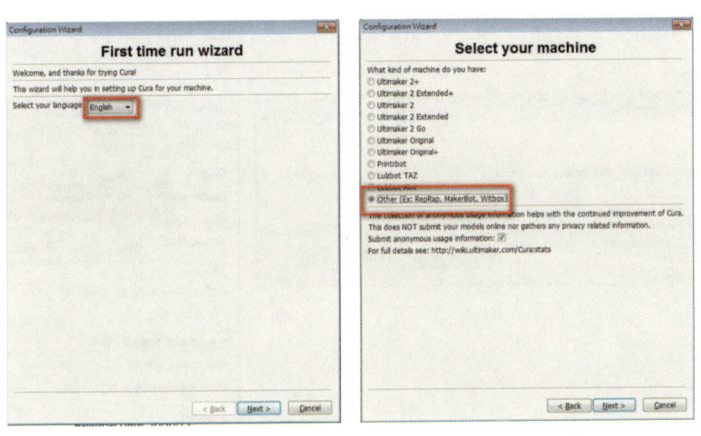

（圖5-98，CURA 軟體下載，陳建志整理，2016）

在選擇機種上，我們選擇客製化的機器，因為是使用 atom 選單上沒有，而右邊的設定圖部分，是設定 ATOM 機台上列印區的長寬高尺寸，會如圖5-99所示，0.4 mm 是指噴嘴處的直徑，如果是家用版的 CR-7，長寬高的尺寸就不大一樣，長就會是 150 mm，寬 130 mm 及高 100 mm，而噴嘴處直徑一樣會是 0.4 mm，而加熱底板（不勾選），設定中心為正中央設定（Bed Center......）後按下完成，因為各種 3D 列印機的列印區域及大小尺寸及形狀都會不太一樣。

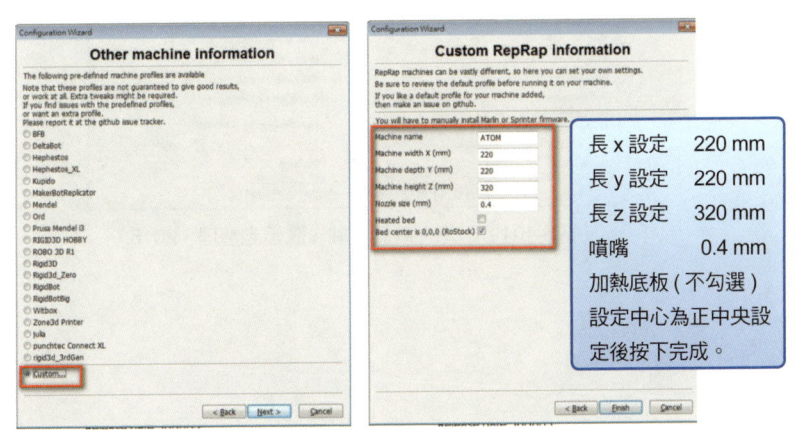

（圖5-99，CURA 軟體下載，陳建志整理，2016）

5-65

開啟 CURA 時，會詢問是否下載最新版本，請按下 - 否（N），接下來我們機台底板是圓形，但是它內部設定為方形，所以我們要點選 Machine 裡的 Machine settings（機器設置）來設定底板，如圖5-100 所示。

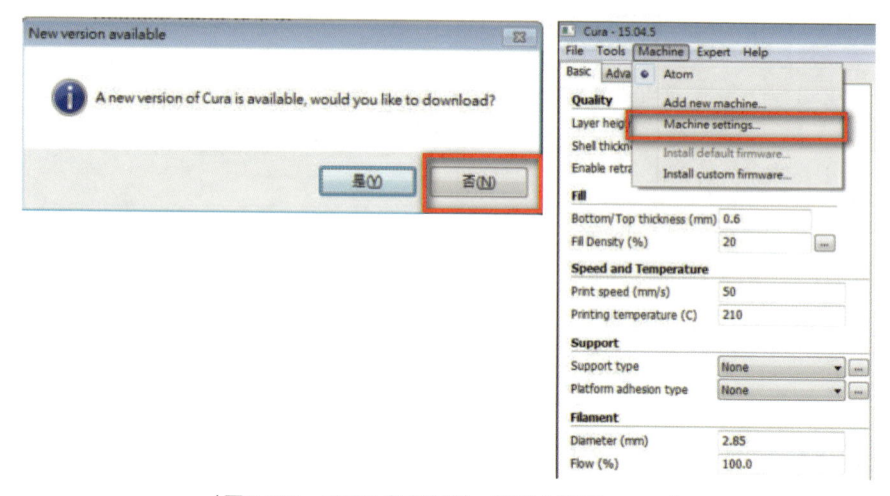

（圖5-100，CURA 軟體下載，陳建志整理，2016）

透過圖 5-101 所示，將圖面上的 square（方），改為 circular（圓），因為 ATOM 列印機的底盤是圓形的。

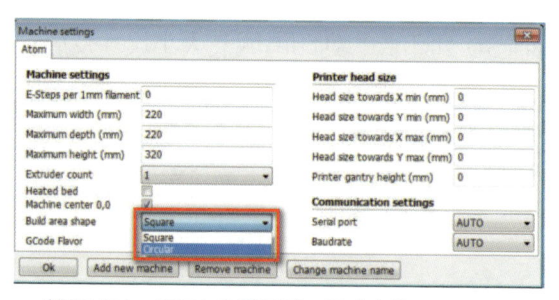

（圖5-101，CURA 軟體下載，陳建志整理，2016）

透過圖5-102所示，參數設定 - 基本設定的部分，請各位對照右圖所示，去進行設定，最常微調設定的是每層列印高度、列印物件的壁厚及內部填充百分比，而列印速度及列印溫度，盡量設定在速度45，溫度215度左右。

Quality -> 品質
    Layer height (mm) -> 每層列印高度
    Shell thickness (mm) -> 列印物件的壁厚
    Enable retraction -> 啟動回抽 (防止牽絲)

Fill -> 填充
    Bottom/Top thickness (mm) -> 頂部與底部的厚度
    Fill Density (%) -> 內部填充百分比

Speed and Temperature -> 列印速度 / 溫度
    print speed(mm/s) -> 列印速度
    Printing temperature (c) -> 列印溫度

Support -> 支撐
    Support Type -> 支撐模式
      1.None -> 不使用支撐
      2.Touching buildplate -> 系統判定是否為開支撐
      3.Everywhere -> 非垂直面都開支撐
    Platform adhesion type -> 底層結合狀態
      1.None -> 直接結合
      2.Brim -> 列印邊緣延伸線
      3.Raft -> 列印底板

Filament -> 塑膠線材
    Diameter (mm) -> 線材直徑
    Flow (%) -> 擠出量微調

Machine -> 機器
    Nozzle size (mm) -> 機器孔徑

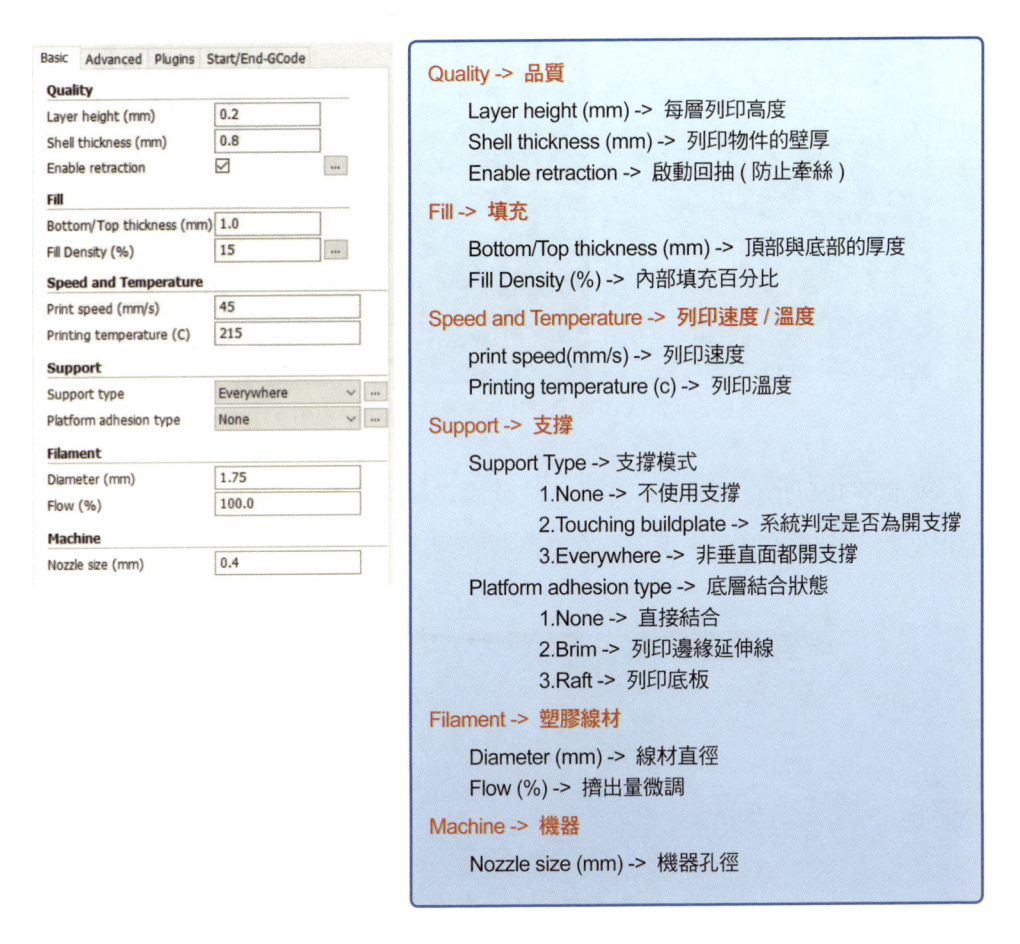

（圖5-102，CURA軟體操作，陳建志整理，2016）

最後，最重要的線材直徑設定，PLA線材直徑 -Diameter（mm），請設定在1.75 mm，以及機器口徑 Nozzle size（mm），請設定0.4 mm，上述設定，會是在操作CURA切片軟體時常微調設定的步驟，通常設定好就不會再變動。

先將 3D 檔案轉存成 STL 檔 之後，再將 STL 檔放置於桌面，以便要將 3D 檔案丟進 CURA 切片軟體裡，如圖5-103 所示。

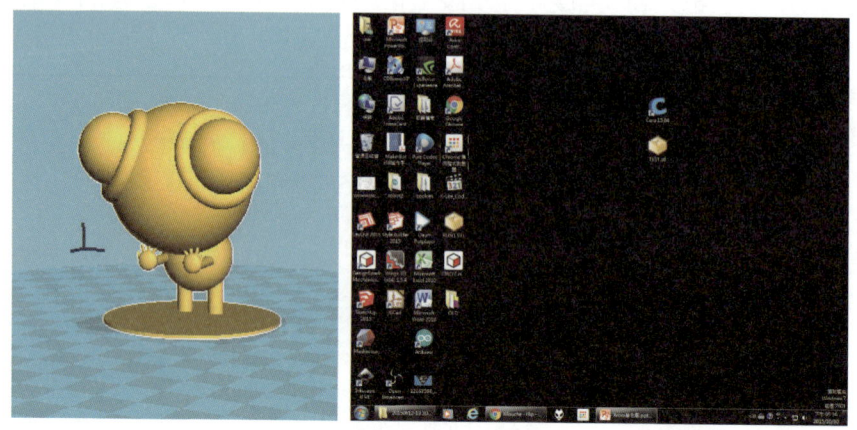

（圖5-103，CURA 軟體操作，陳建志整理，2016）

如圖5-104 所示，打開 CURA 切片軟體之後的畫面如右圖，可以看到一個圓形底盤工作區的畫面，模型檔案就是要丟到這工作區裡的。

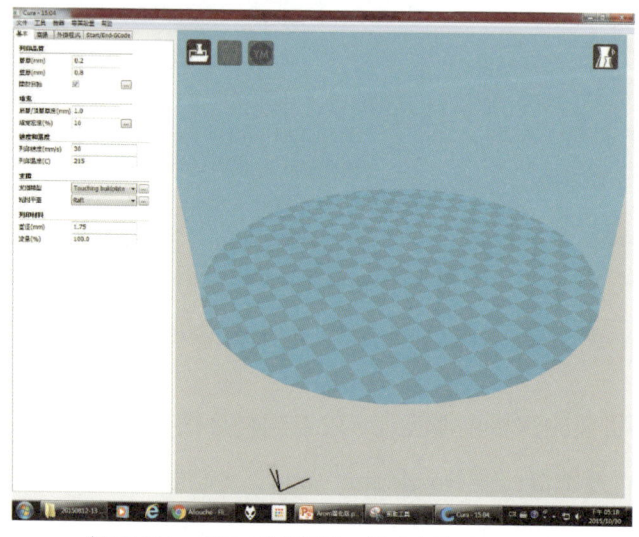

（圖5-104，CURA 軟體操作，陳建志整理，2016）

透過圖5-105及圖5-106所示，在上方會有一個載入檔案的按鈕（必須存為STL檔），載入後如果圖檔位置不正確，可以點選下方選轉扭，在黃色圈圈內可以手動調整方向。在1的部分，可以讓系統計算，讓它選擇最多接觸面的地方。在2的部分，可以讓列印漸恢復原狀。當角度設定好之後，即可將檔案存入要放進列印機所附的SD Card之中。

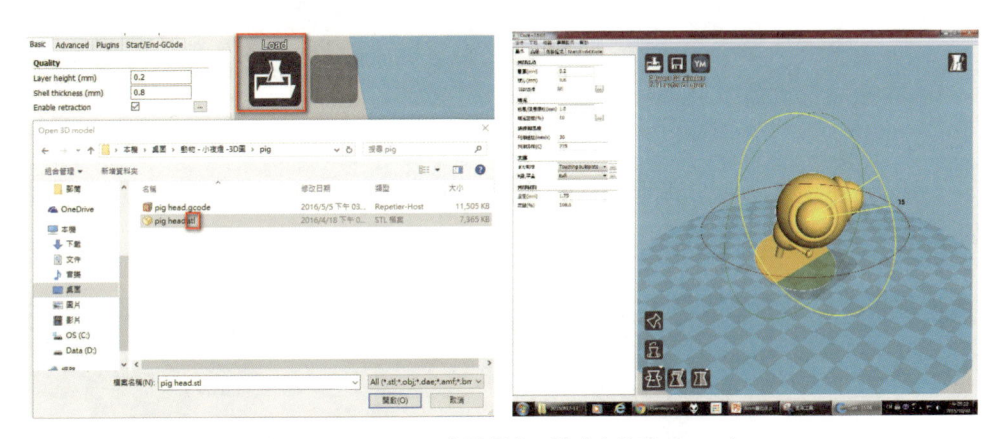

（圖5-105，CURA 軟體操作，陳建志整理，2016）

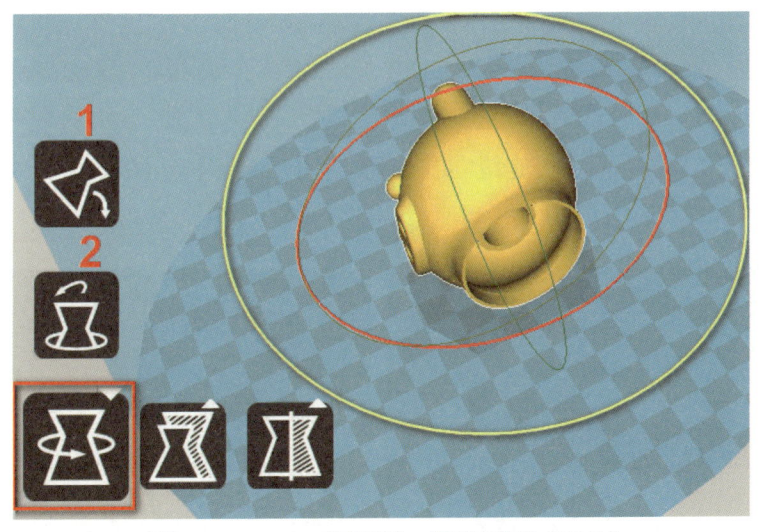

（圖5-106，CURA 軟體操作，陳建志整理，2016）

5-69

透過圖 5-107 所示，先把 SD Card 放進列印機之中，然後打開電源開關。

（圖 5-107，CURA 軟體操作，陳建志整理，2016）

透過圖 5-108 所示，正常開機的待機畫面下面顯示 Atom 2.0 Ready，之後按下左邊小顆的銀色按鈕即可操作面板。

（圖 5-108，CURA 軟體操作，陳建志整理，2016）

透過圖 5-109 所示，將旋鈕向右旋轉，指向 Print From SD，之後按下銀色旋鈕。

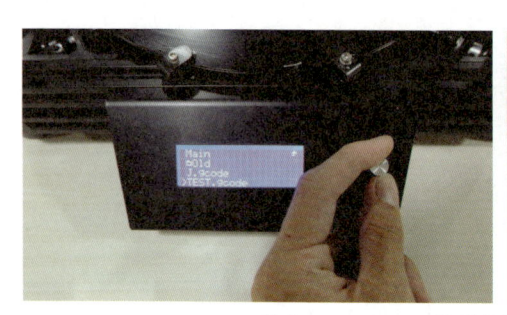

（圖 5-109，CURA 軟體操作，陳建志整理，2016）

透過圖5-110所示，當畫面中出現 Heating 就代表已經開始列印了，剩下就是等待列印不要出問題囉！列印過程中，要適時的檢查一下列印過程，因為有可能列印會出問題或是列印過程中卡住停止運作等原因，所以透過圖5-111所示所示，要時時刻刻去注意列印的過程，才算完成最後一刻的列印流程。

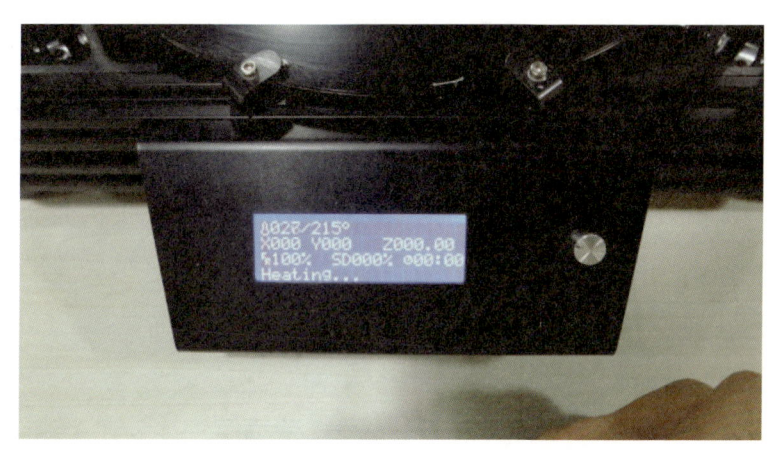

（圖5-110，CURA 軟體操作，陳建志整理，2016）

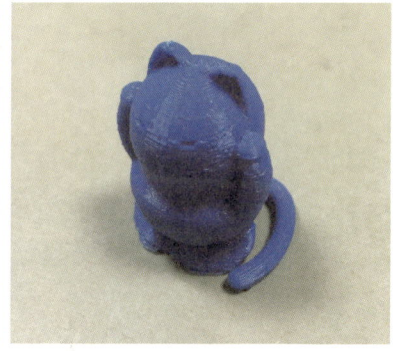

（圖5-111，CR-7 雛型列印範本，陳建志整理，2016）

5.3　作品成果呈現

　　透過上述單元所教學的 Design Spark 軟體，以及 3D 列印機的操作，最後完成了一隻很可愛的迷你機械人。透過把機械人放進扭蛋殼裡，如此一來，由 3D 列印出來的作品，也能當作一個屬於自己的小小創業。藉由扭蛋機的附加價值，賦予機械人鑰匙圈一個意義，作為朋友之間的信物或是透過扭蛋機械人傳話給您覺得重要的人，來取代傳統賀卡，進而產生出一個破壞式創新的概念，未來也可以嘗試做出不同造型的列印小物。對於初學者而言，不妨透過這樣的附加價值，來提高自己的成就感跟興趣囉，如圖 5-112 至圖 5-115 所介紹的完成品範例過程。

1.建模完成

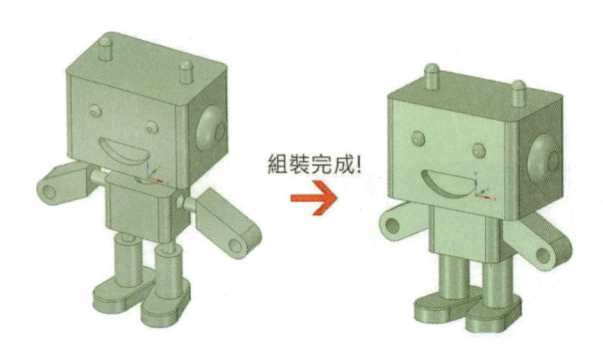

組裝完成！

2.進入CURA切片軟體

（圖5-112，完成品範例介紹-1，陳建志整理，2016）

3.實體模型+鑰匙圈

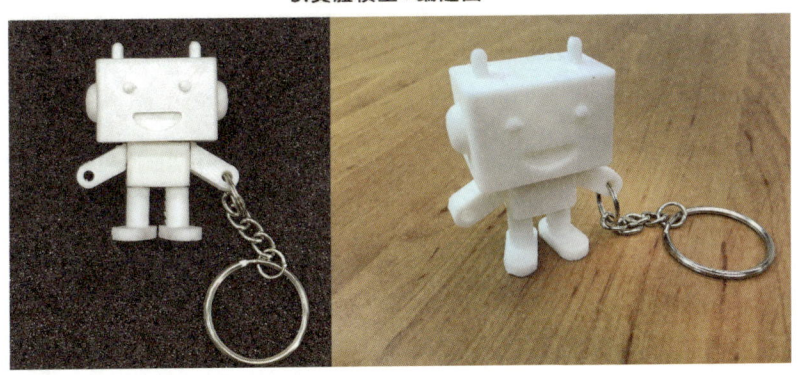

（圖5-113，完成品範例介紹-2，陳建志整理，2016）

4.放入扭蛋中，即可研商日後販賣　　5.實用的鑰匙圈設計，可送禮自用

（圖5-114，完成品範例介紹-3，陳建志整理，2016）

透過完全自己動手設計、噴印到完成組裝到可愛扭蛋的呈現

（圖5-115，完成品範例介紹-4，陳建志整理，2016）

5-73

創意實作 ▶ 3D 列印繪圖與操作

　　當 3D 模型化之後，即可藉由網路來進行群眾的募資，或是透過做出來的成品，來進行會議討論，這種讓商品快速化的操作流程，可以大幅縮短開發的時間。除了 3D CAD 軟體必須熟悉之外，2D 圖樣設計的想像力，也是非常重要的課題，這樣才可以成為設計與技術並重的專業全才，如圖5-116 所示。

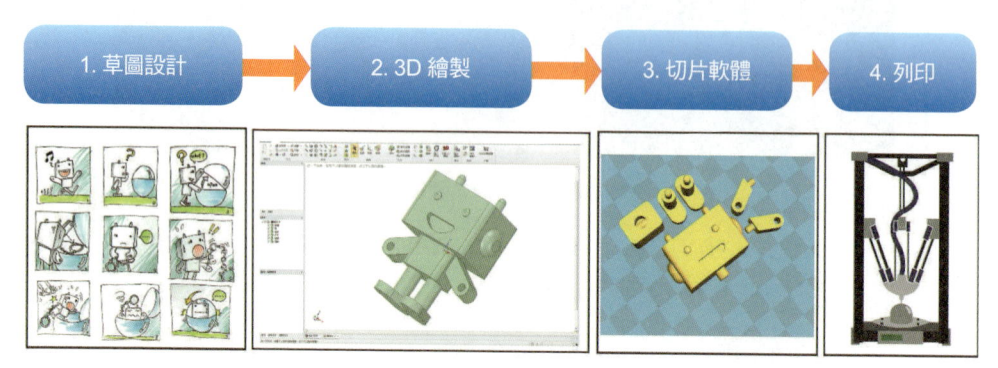

1. 草圖設計 → 2. 3D 繪製 → 3. 切片軟體 → 4. 列印

（圖5-116，3D 列印操作流程介紹，陳建志整理，2016）

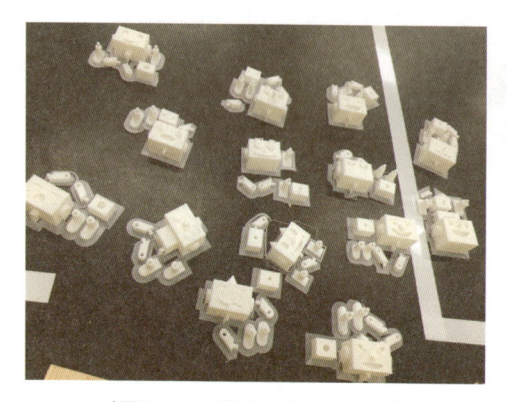

（圖5-117，陳建志整理，2016） 　　（圖5-118，3D 機械人海報-馬來，陳建志整理，2016）

5-74

對初學者而言，3D 軟體的繪製，是要進行 3D 列印時最重要的步驟，但也是初學者最害怕的過程之一，所以最後告訴初學者一個小撇步，3D 軟體功能甚多，但不見得全都操作得到，主要的重點可分成長料（建出一個實體）、砍料（裁切實體）、旋轉（柱狀）及薄殼（形成一個殼件），這四大功能要是能夠活用得當，基本上就可以建出很多基本型態的 3D 模型囉，如圖5-119 所示。

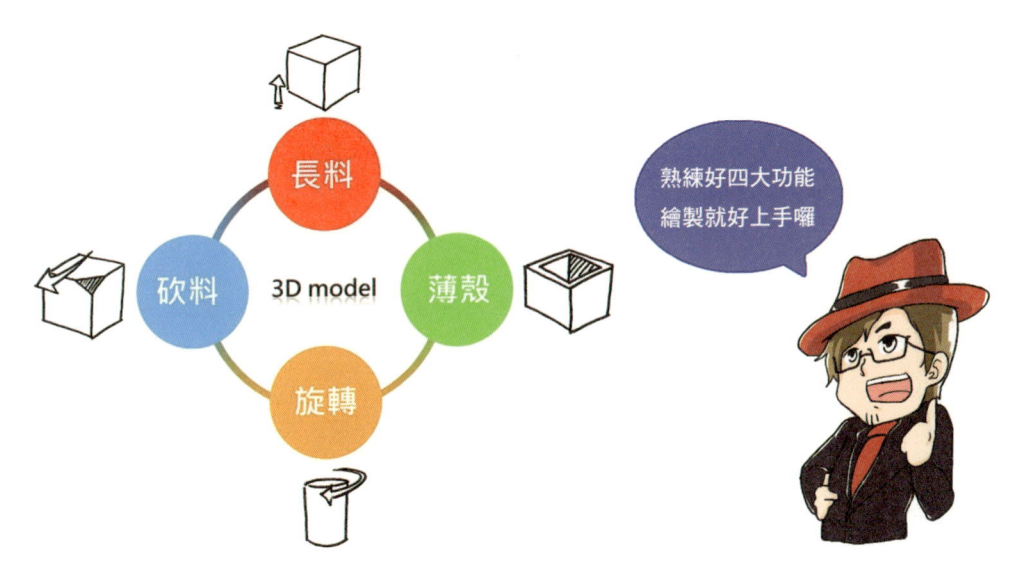

（圖5-119，建模四大功能操作活用，陳建志整理，2016）

最後，希望本單元對想進入 3D 列印的初學者而言，能夠對 3D 列印的世界，有基本的了解，但還是得靠自己不斷的練習與摸索，所以，請各位好好加油！

創意實作 ▶ 3D 列印繪圖與操作

養成做筆記的習慣，把生活上觀察的小事情記錄下來！創意也跟著來囉～

養成做筆記的習慣，把生活上觀察的小事情記錄下來！
創意也跟著來囉～

國家圖書館出版品預行編目資料

創意實作—Maker 具備的 9 種技能 ⑤：3D 列印繪圖與操作 / 陳建志編. -- 1 版. -- 臺北市：臺灣東華, 2018.01

88 面；17x23 公分

ISBN 978-957-483-921-6　（第 1 冊：平裝）
ISBN 978-957-483-922-3　（第 2 冊：平裝）
ISBN 978-957-483-923-0　（第 3 冊：平裝）
ISBN 978-957-483-924-7　（第 4 冊：平裝）
ISBN 978-957-483-925-4　（第 5 冊：平裝）
ISBN 978-957-483-926-1　（第 6 冊：平裝）
ISBN 978-957-483-927-8　（第 7 冊：平裝）
ISBN 978-957-483-928-5　（第 8 冊：平裝）
ISBN 978-957-483-929-2　（第 9 冊：平裝）
ISBN 978-957-483-930-8　（全一冊：平裝）

創意實作—Maker 具備的 9 種技能 ⑤
3D 列印繪圖與操作

編　　者	陳建志
發 行 人	陳錦煌
出 版 者	臺灣東華書局股份有限公司
地　　址	臺北市重慶南路一段一四七號三樓
電　　話	(02) 2311-4027
傳　　眞	(02) 2311-6615
劃撥帳號	00064813
網　　址	www.tunghua.com.tw
讀者服務	service@tunghua.com.tw
門　　市	臺北市重慶南路一段一四七號一樓
電　　話	(02) 2371-9320
出版日期	2018 年 1 月 1 版 1 刷

ISBN　978-957-483-925-4

版權所有　·　翻印必究